李建豹 著

城镇化碳排放效应及调控策略研究

Carbon Emission Effect
and Control Strategy of Urbanization

U0249979

南京大学出版社

图书在版编目(CIP)数据

城镇化碳排放效应及调控策略研究 / 李建豹著. —
南京:南京大学出版社,2021.3
　　ISBN 978 - 7 - 305 - 24262 - 5

　　Ⅰ.①城… Ⅱ.①李… Ⅲ.①城市—二氧化碳—排气
—研究—中国 Ⅳ.①X511

中国版本图书馆 CIP 数据核字(2021)第 040240 号

出版发行　南京大学出版社
社　　址　南京市汉口路 22 号　　　　邮　编　210093
出 版 人　金鑫荣
书　　名　**城镇化碳排放效应及调控策略研究**
著　　者　李建豹
责任编辑　田　甜　　　　　　　编辑热线　025 - 83593947
照　　排　南京开卷文化传媒有限公司
印　　刷　苏州市古得堡数码印刷有限公司
开　　本　718mm×1000mm　1/16　印张 19.75　字数 200 千
版　　次　2021 年 3 月第 1 版　　印　　次　2021 年 3 月第 1 次印刷
ISBN　978 - 7 - 305 - 24262 - 5
定　　价　78.00 元

网　　址:http://www.njupco.com
官方微博:http://weibo.com/njupco
官方微信:njupress
销售咨询热线:025 - 83594756

国家自然科学基金项目(41901245)

江苏省高等学校自然科学研究面上项目(19KJB170014)

国家社会科学基金重大项目(17ZDA061)

前　言

　　随着城镇化的快速发展,碳排放量不断增加,中国已经成为碳排放最多的国家,如何协调城镇化与碳排放的关系,促进低碳城镇化建设,成为中国城镇化进程中面临的突出问题。为解决此问题,"十八大"以来中国政府强调要加强环境保护和生态文明建设,减少碳排放。《国家新型城镇化规划(2014—2020年)》要求进行低碳城镇化建设。城镇地区是人与自然交互作用最为强烈的区域,人口密集,对各种资源的消耗量较大,是二氧化碳排放的重点区域,城镇化过程必然会对碳排放产生较大影响。长三角地区城镇化快速发展,如何科学评估并预测城镇化发展对碳排放的影响,甄别城镇化过程中低碳发展路径,提出适宜的低碳城镇化发展策略,是长三角地区城镇化发展亟待解决的科学问题。开展长三角地区城镇化碳排放效应研究,可为制定低碳城镇化策略提供理论方法和科学依据。低碳城镇化是缓解长三角地区能源资源约束的重要手段,是实现长三角地区可持续发展和低碳发展的重要途径。但长三角地区城镇化如何影响碳排放？长三角地区碳排放峰值何时达到？如何按照碳排放总量和强度目标,科学推进碳排放任务的分配？

基于以上思考,在综合分析国内外城镇化碳排放研究的基础上(第1~3章),本书第4章根据长三角地区城镇化碳排放现状,从陆地生态系统、能源消费和工业生产过程等方面构建了长三角地区碳排放清单及核算方法,分析了1995—2013年长三角地区碳收支的时空特征,以期为长三角地区制定差异化的碳减排政策提供科学依据。

城镇化与碳排放的关系极其复杂,目前,学术界对城镇化对碳排放的影响方面存在不同观点,多数学者认为城镇化是影响碳排放的重要因素。长三角地区城镇化如何影响碳排放？为此,本书第5章研究了城镇化与人均碳排放的时空特征及时空耦合关系,从国际视角比较了长三角地区与"G8＋5"国家人均碳排放的差异,并从效率的角度研究了城镇化与碳排放效率的关系。

2009年中国政府提出,2020年碳排放强度比2005年下降40％~45％,并将其作为约束性指标纳入国民经济和社会发展的中长期规划,2014年中国正式提出到2030年左右中国碳排放量有望达到峰值。科学合理地预算碳排放是制定碳减排政策的基础。长三角地区碳排放峰值是否存在？何时达到？为此,本书第 6 章通过情景设置,预测了碳排放峰值出现的时间及大小,并提出了碳减排控制策略。

当前,要求对碳排放总量和强度进行双重控制,在总量既定和碳排放强度降低的前提下,如何确定长三角地区各市的科学减排目标,将碳减排任务分配到各市,对顺利完成长三角地区碳减排任务具有重要意义。为此,本书第 7 章在碳排放总量和强度双重目标的约束下,对"十三五"时期碳排放配额进行了分配,基于此,提出了长三角地区的低碳发展对策。

因个人能力有限,本书难免有不足之处,敬请各位专家及读者批评指正!

目　录

第一章 绪 论

　　温室效应的不断增强，引起了一系列的全球性生态环境问题，如全球变暖、海平面上升、极端天气增多等，其中全球变暖问题已引起了国际社会的广泛关注，而二氧化碳被认为是引起温室效应的主要气体。2006 年，中国已成为世界上最大的碳排放国[1]，为减少碳排放，中国提出了一系列的碳减排政策与目标。2009 年，在哥本哈根会议上，中国提出了到 2020 年单位国内生产总值碳排放量（碳排放强度）比 2005 年下降 40％～45％；2014 年，中国政府正式提出到 2030 年左右中国碳排放量有望达到峰值；2015 年，提出了到 2030 年，碳排放强度比 2005 年下降 60％～65％等目标。中国城镇地区碳排放量较大，是碳减排的重点调控区。中国正处于工业化和城镇化快速发展时期，工业化和城镇化的过程必然会增加碳排放量，城镇化过程对碳排放影响较大，且极其复杂。《国家新型城镇化规划（2014—2020年）》明确要求进行低碳城镇化建设。因此，本书在构建城镇化碳排放时空效应模型的基础上，系统分析城镇化碳排放效应，揭示城镇化对碳排放的作用机理，有助于将低碳理念融入城镇化建设中,为未来低碳城镇化发展提供科学依据。

第一节　城镇化碳排放效应研究的背景

一、中国正处于城镇化快速发展阶段

城镇化是实现经济增长和工业化的重要因素,加快城镇化已成为中国确保经济可持续发展的优先国策。世界银行资料显示[2],1995—2020 年,中国城镇化率从 30.96％增长到 61.43％,增长了 30.47 个百分点,2014 年中国城镇化率与全球城镇化率已基本持平。城镇化的快速发展对资源环境造成了沉重的压力,土地、水、能源资源等日益短缺,环境污染加剧,也使资源环境对城镇化的制约作用日益加剧。因此,在稳步推进城镇化建设中,应注重节约资源和保护环境,走绿色低碳的新型城镇化道路。"十八大"提出了加快推进中国城镇化进程的重要发展战略和中国未来实施工业化、信息化、城镇化和农业现代化"四化同步"的发展战略,将城镇化作为"四化"演进的龙头。《国家新型城镇化规划(2014—2020 年)》要求进行绿色低碳城镇化建设,将生产生活方式由传统型向绿色低碳的现代型转变。2016 年 6 月,《长江三角洲城市群发展规划》指出,长三角城市群要建设面向全球、辐射亚太、引领全国的世界级城市群,是"一带一路"与长江经济带的重要交汇地带,在国家现代化建设大局和全方位开放格局中具有举足轻重的战略地位。十九大报告中指出:"以城市群为主体构建大中小城市和小城镇协调发展的城镇格局,

加快农业转移人口市民化。"

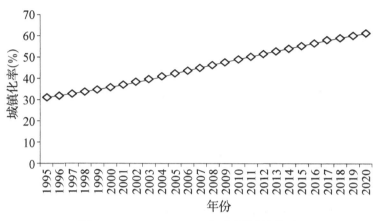

图 1-1　1995—2020 年中国城镇化率

二、碳排放问题引起了中国政府的高度重视

随着温室效应的不断增强,全球变暖问题引起了国际社会的广泛关注,二氧化碳被认为是引起全球变暖的主要气体。而中国已成为世界第一大碳排放国,面临着越来越大的碳减排压力。中国政府高度重视碳排放问题,制定了一系列的碳减排政策。2009 年中国政府提出,2020 年碳排放强度比 2005 年下降40%~45%,并将其作为约束性指标纳入国民经济和社会发展的中长期规划。2014 年中国正式提出到 2030 年左右中国碳排放量有望达到峰值。2015 年,中国提出了到 2030 年,碳排放强度比 2005 年下降 60%~65% 等目标。"十九大"要求推进绿色发展,建立健全绿色低碳循环发展的经济体系,构建清洁低碳、安全高效的能源体系,倡导简约适度、绿色低碳的生活方式,开展创建节约型机关、绿色家庭、绿色学校、绿色社区和绿色出行

等行动。2020 年中国承诺力争于 2030 年前达到碳排放峰值,努力争取 2060 年前实现碳中和。中国"十四五"规划碳减排目标为单位国内生产总值二氧化碳排放量降低 18%,单位国内生产总值能源消耗量降低 13.5%。《"十三五"控制温室气体排放工作方案》规定上海市、江苏省和浙江省碳减排目标均为单位国内生产总值二氧化碳排放量比 2015 年降低 20.5%,单位国内生产总值能源消耗量比 2015 年降低 17%。

三、城镇化与碳排放关系复杂

随着人口的城镇化,人们生产生活方式发生改变,对各种资源和基础设施及居民住宅建设的需求增加,直接导致碳排放增加。为了满足各种需求,人们开始对大自然进行掠夺式开发,导致森林破坏、环境污染和土地利用方式的改变等,间接导致碳排放增加。同时,城镇化可以促进技术进步,提高管理水平和基础设施的利用效率,产生规模效益,在一定程度上能够减少资源消耗和环境污染,降低碳排放量。因此,城镇化与碳排放之间存在正反两方面的影响,增加了城镇化与碳排放关系的复杂性。

中国 35 个特大城市的人口占全国总人口的 18%,但二氧化碳(CO_2)排放量却占全国的 40%,城镇居民的 CO_2 排放量占全体居民的 73%[3]。由此可知,城镇地区碳排放量较大,是国家碳减排的重点调控区,具有较大的节能减排潜力。在此背景下,客观地分析城镇化与 CO_2 排放的关系,对制定合理的碳减排政策,实现碳减排目标具有重要意义,为新型城镇化低碳发展提供科学依据。

第二节 城镇化碳排放效应的
研究目的与意义

一、研究目的

构建长三角地区城镇化碳排放时空效应模型,在此基础上,分析城镇化进程中碳吸收、碳排放与碳收支时空格局及其机理,研究城镇化与碳排放的关系,通过情景设置,预测长三角地区碳排放峰值出现的时间及大小,并对"十三五"时期碳排放配额进行优化分配,以期为未来城镇化低碳发展提供参考。具体目标如下:

(1)探索碳收支的时空格局演化及其机理;

(2)定量刻画城镇化与碳排放之间的关系;

(3)预测碳排放变化趋势,制定不同的碳减排控制策略;

(4)优化分配碳排放配额,探索低碳发展路径。

二、研究意义

1. 理论意义

构建了城镇化碳排放效应理论框架,从长三角整体及其内部联系视角,分析城镇化碳排放时空格局及其关联特征。研究了城镇化与碳排放的关系,揭示了城镇化与碳排放的作用机理,完善了城镇化认知。

2. 实践意义

将经济增长理论中的收敛理论,应用到碳排放效率收敛性的研究中,拓宽了收敛理论的应用领域,丰富了其研究内容。对碳排放效率收敛性的研究,尤其是对碳排放效率收敛速度的研究,有助于了解碳排放效率的提升速度,对于碳减排政策和目标的制定具有重要指导意义。通过调控碳排放效率的主要影响因素,可调节碳排放效率的收敛速度,这是政府进行碳排放有效控制的关键所在。由此可知,系统深入地分析碳排放效率的收敛性,有利于清楚地把握未来碳排放效率的变化趋势,对低碳城镇化建设意义重大。

中国的城镇化正处于快速发展阶段,且已明确提出要走一条经济、社会、环境协调发展的新型城镇化道路,将城镇化作为未来经济发展的主要动力之一。而低碳发展是新型城镇化的必由之路,探索城镇化与碳排放的相关关系、动态演进及脱钩状态,有利于深入地揭示城镇化与碳排放的复杂关系,探索合理的低碳发展方式,实现城镇化的稳健、快速与可持续发展,为新型城镇化的低碳发展提供理论支撑。

现阶段中国低碳发展是以牺牲经济发展为代价的,但中国政府主动提出力争于 2030 年前达到碳排放峰值,努力争取 2060 年前实现碳中和。该目标的实现除与低碳发展技术相关以外,科学的目标和政策设计也非常重要,通过设置不同发展情景,预测未来碳排放变化,在碳约束的条件下,开展控制策略研究、碳排放配额分配及低碳经济发展路径研究,以期为长三角地区的低碳发展提供科学依据。

第三节 城镇化碳排放效应的研究内容与研究方法

一、研究内容

综合分析长三角地区自然及社会经济发展现状,结合 IPCC 清单方法及国内外有关碳排放核算的研究成果,确定长三角地区碳排放清单与核算方法,构建城镇化碳排放效应的理论模型。在此基础上,首先,研究碳吸收与碳排放的时空特征及其影响因素,并分析碳收支的平衡状况。其次,研究城镇化与碳排放的关系,从国际视角,比较长三角地区与"G8+5"国家在人均碳排放、城镇化与人均碳排放相关性上存在的差异;从效率的视角,研究碳排放效率时空特征及其收敛性,并分析城镇化与碳排放效率的关系。再次,通过设置基准情景、低碳情景和高碳情景,预测碳排放峰值出现的时间及大小,依据不同发展情景预测结果,提出不同的碳排放控制策略。最后,在碳排放总量和强度双重目标的约束下,对"十三五"时期碳排放配额进行优化分配,并提出长三角地区低碳调控策略。主要内容如下:

(1)城镇化进程中碳收支的时空格局研究。采用数理统计方法分析碳吸收与碳排放的时间演变特征,借助 GIS 空间分析技术,探索碳吸收与碳排放的空间演化特征,同时,运用探索性时空数据分析技术,研究碳吸收与碳排放的局部空间结构与时空依赖关系。综合分析国内外城镇化碳排放的相关文献,归纳影响城镇化碳排放的主要因素,从城镇化水平、经济水平、人口总量、技术水平、产业结构和对外贸易依存度等方面,系统分析碳排放时空格局演化的主要影响因素,总结碳排放时空格局演化的机理。最后,分析了长三角地区碳收支平衡状态。

（2）城镇化与碳排放关系研究。研究城镇化与人均碳排放的时空特征及时空耦合关系,运用相关系数法、双变量空间相关分析和四象限评价法研究城镇化与碳排放的关系,并从国际视角,比较分析长三角地区与"G8＋5"国家在人均碳排放、城镇化与人均碳排放相关性上存在的差异。从效率的视角,开展城镇化进程中碳排放效率的收敛性研究。主要包括 σ 收敛、随机收敛和 β 收敛。在 σ 收敛中,通过计算碳排放效率的变异系数可判断是否存在 σ 收敛。在随机收敛中,采用 LLC 检验与 ADF 检验分析是否存在随机收敛。β 收敛包括绝对 β 收敛和条件 β 收敛,在条件 β 收敛中,控制变量的选取至关重要,本研究中选择城镇化的主要因素作为控制变量,如经济水平、产业结构和人口密度等。由于长三角地区社会经济条件存在一定差异,碳排放效率收敛速度并不趋于一致,对碳排放效率收敛速度的测算,有利于指导碳减排目标的制定,对顺利完成 2030 年左右达到碳排放峰值的目标具有重要作用。采用相关系数分析城镇化与碳排放效率的关系,在此基础上,考虑空间因素,利用双变量 Moran's I 指数分析本市碳排放效率与相邻市城镇化水平的关系,深入地分析城镇化与碳排放效率的空间相互关系。采用泰尔指数分析研究城镇化与碳排放效率空间差异的动态演进。利用脱钩理论分析城镇化与碳排放效率的脱钩状态,实现城镇化发展与碳排放效率的脱钩是城镇化低碳发展的关键。

（3）碳排放峰值及控制策略研究。选取碳排放的主要影响因素，采用国内外碳排放预测中获得认可并广泛使用的 IPAT 模型，并对其进行改进，构造碳排放预测的初始模型。依据长三角地区社会经济发展现状与国民经济和社会发展第十二个五年规划目标及国民经济和社会发展第十三个五年规划目标，分别设置基准情景、低碳情景和高碳情景，分析碳排放峰值出现的时间及大小。综合分析三种情景的碳排放情况，并提出合理的碳排放控制策略。

（4）碳排放配额分配研究。在零和收益 DEA 的分析框架下，以 2030 年左右达到碳排放峰值和 2020 年碳排放强度下降到 2005 年的 40％～45％为约束条件，选择"十三五"期末 2020 年为代表年份，开展碳排放配额分配研究。首先，预测 2020 年的碳排放量、国内生产总值、人口和能源消费量；其次，运用 DEA 中的 BCC 模型评估初始分配方案的效率；最后，利用零和收益 DEA 模型将碳排放配额进行重新分配，获得最优的碳排放配额分配方案，并提出低碳调控策略。

二、研究方法

（1）遥感影像校正与提取方法。利用 ArcGIS 10.4 平台，首先对 DMSP/OLS 夜间灯光影像数据进行投影转换和数据重采样，对其进行参考影像校正、年内融合和年际校正等，使用校正后的影像，提取建设用地。最后，利用建设用地边界提取 DMSP/OLS 夜间灯光影像，并统计建设用地边界范围内的 DN 值之和，用于构建能源碳排放反演模型。

（2）碳排放清单核算法。借鉴 IPCC 清单方法和国内外现有研究,构建长三角地区碳排放清单,确定核算方法,并测算长三角地区各市陆地生态系统的碳吸收、能源消费和工业生产过程的碳排放。

（3）统计分析方法。采用标准差、变异系数、偏度系数和泰尔指数等方法,分析长三角地区各市碳吸收、碳排放和碳收支的时间特征,以揭示长三角地区碳吸收、碳排放和碳收支的时间演化规律。

（4）空间计量经济学模型。采用地理加权回归模型分析碳排放的影响因素。利用空间误差面板模型和空间杜宾面板模型进行碳排放效率的 β 收敛分析。

（5）GIS 空间分析方法。采用 GIS 技术,提取地理要素的空间信息。主要使用了趋势分析、标准差椭圆分析和探索性时空数据分析（ESTDA）等方法分析碳吸收与碳排放的空间特征。

（6）情景分析法。通过假设不同社会经济发展情景,模拟和预测未来社会经济发展状况,并分析不同发展情景可能会产生影响的方法。利用情景分析法,设置基准情景、低碳情景和高碳情景,预测碳排放峰值出现的时间和大小,同时,用于"十三五"时期碳排放初始配额的预测分析。

（7）零和收益 DEA 方法。对"十三五"时期碳排放初始配额进行优化分配,以保证碳排放总量不变,效率最优。

（8）比较分析方法。比较长三角地区不同时期、不同区域碳吸收与碳排放等方面的差异;比较不同情景下,碳排放峰值出现的时间及大小,碳排放配额分配方案,提出适宜的低碳城镇化发展策略。

第四节　研究区概况

　　本研究中的长三角地区主要包括上海市,江苏省的南京、无锡、徐州、常州、苏州、南通、连云港、淮安、盐城、扬州、镇江、泰州、宿迁等13市和浙江省的杭州、宁波、嘉兴、湖州、绍兴、舟山、温州、金华、衢州、台州和丽水等11市(图1-2)。长三角城市群是中国最大的城市群,是中国经济发展的引擎之一,已跻身于国际公认的6大世界级城市群。2008年,国务院发布的《关于进一步发展长三角的指导意见》中确定:"将长三角扩大到两省一市,即上海、江苏和浙江。"2010年,《长江三角洲地区区域规划》正式颁布,确定了长三角地区的发展定位,即亚太地区重要的国际门户、全球重要的先进制造业和现代服务业中心、具有较强国际竞争力的世界级城市群。2016年,《长江三角洲城市群发展规划》明确了长三角城市群的发展定位,即面向全球、辐射亚太、引领全国的世界级城市群。长三角地区是"一带一路"与长江经济带的重要交汇地带,在国家现代化建设大局和全方位开放格局中具有举足轻重的战略地位。2018年9月,长三角区域一体化发展上升为国家战略。

图 1 - 2 研究区示意图

长三角地区经济发达,城镇化水平较高,碳排放量较大,人口密集,碳排放强度(单位 GDP 的二氧化碳排放量)较低,是中国城镇化水平最高的地区之一,也是中国新型城镇化的主体区。2015 年长三角地区的人均 GDP 为 86 708 元,是全国的 1.74 倍;城镇化率为 69.47%,是全国的 1.30 倍;全区总面积为 21.07 万 km²,以全国 2.20%的国土面积,承载了 11.59%的人口,创造了 20.15%的 GDP;碳排放总量占全国的 12.81%,碳排放强度低于全国水平,为全国的 0.67 倍。随着城镇化与工业化的不断推进,大量农村人口涌入城镇,城镇地区人口剧增,人们生活方式发生改变,对各种物质资料和基础设施的需求增加,直接导致碳排放量增加。同时,城镇地区是人与自然交互作用最为强烈的地区,城镇化导致大量农用地和生态用地被占用,土地利用和土地覆被发生变化,资源环境压力增大,资源环境承载超负荷,环境污染和破坏导致碳汇能力下降,进而间接导致碳排放增加。长三角地区资源相对匮乏,资源保障能力较低,环境污染较重,生态环境问题突出。随着一些国家设置碳壁垒,必须从国际视野揭示城镇化与碳排放的关系,以便长三角地区能够更好地适应出口贸易。因此,以长三角地区为案例,开展城镇化碳排放效应研究,通过设置基准情景、低碳情景和高碳情景,利用改进的IPAT模型预测2015—2050年碳排放量,比较不同情景的结果,选择适宜的长三角地区低碳城镇化方案。优化分配"十三五"时期的碳排放配额,确定长三角地区各市投入产出要素的适宜规模,基于碳排放总量和强度双重约束,提出碳排放配额优化分配方案。

第二章　国内外研究进展

随着工业化和城镇化的发展,化石燃料燃烧量增加,向大气中排放的 CO_2 等温室气体增加,导致温室效应不断增强,全球变暖日益加剧,引发了一系列全球性生态环境问题,引起了国际社会的高度重视。而 CO_2 被认为是导致温室效应增强的主要气体之一,碳排放问题引起了学者的广泛关注。目前,国内外学者已从不同视角开展了城镇化碳排放效应研究,主要集中在以下几方面:碳排放核算方法研究、城镇化与碳排放关系研究、碳排放影响因素研究、碳排放效率研究、碳排放收敛性研究、碳排放情景模拟研究和碳排放配额分配研究等。

第一节　碳排放核算方法研究

关于陆地生态系统碳核算方法的研究较多,主要集中在对森林、草地、耕地等生态系统的研究,核算方法种类也较多,总体可归纳为模型估算法、实测资料估算法、实测资料和模型结合使用的估算方法。被广泛使用的人为源碳排放核算方法主要包括清单核算法、投入产出法、生命周期评价法、经济投入产出生命周期评价法和问卷调查法。

一、陆地生态系统核算方法

1. 模型估算法

植被碳主要运用生物量法估算,充分考虑植被生长的影响因素,构造植物生长模型,并建立生物量与碳密度间的关系方程,计算植被的碳蓄积量[4]。土壤碳是利用进入土壤的碳和影响土壤碳分解速率的各因子估算获得[5]。朴世龙等[6]使用CASA模型,模拟了青藏高原植被的净第一性生产力。李克让等[7]利用生物地球化学模型模拟出中国土壤和植被的碳储量分别为82.65 Gt和13.33 Gt。马晓哲等[8]运用CO2FIX模型估算了中国各省市的森林碳汇量。赵明伟等[9]以HASM理论为基础构建了森林碳储量模拟模型,发现中国森林碳储量为9.241Pg。潘竟虎等[10]采用修正的CASA模型估算了西北干旱区陆地生态系统的初级净生产力(NPP),并使用土壤微生物呼吸方程,测算了净生态系统生产力(NEP),分析了植被碳汇的时空特征。高小叶等[11]利用修正的DNDC(Denitrifiction-Decompostion)模拟了水稻的CH_4排放,结果表明,模拟值与实测值相近。杜华强等[12]采用碳储量回归树估算模型,对毛竹林进行了遥感定量评估。

2. 实测资料估算法

实测资料估算法是以实测资料为基础,估算生物量。Brown等[13]最早提出了生物量转换因子法,并测算了全球主要森林类型的地上生物量,引发了生物量研究的热潮[14-16]。中国从 20 世纪 70 年代已开始国内森林生物量的研究,学者们利用森林资源清查资料,从不同尺度开展了森林生物量的研究。方精云等[17]利用资源清查资料和遥感数据,估算了 1981—2000 年中国陆地植被碳汇,研究尺度逐渐由大尺度向中小尺度转换。刘双娜等[18]以第六次国家森林资源清查资料为基础,采用空间降尺度技术,模拟了中国森林生物量的空间分布。蒙诗栎等[19]利用多光谱遥感影像、调查的 74 个样地地上生物量与遥感因子,构建估计模型,估测黑龙江凉水自然保护区温带天然林和天然林次生林的地上生物量。郭纯子等[20]以实测数据为基础,运用生物量相对生长方程法估算了天童国家森林公园植被碳储量。

二、人为源碳排放核算方法

人为源碳排放的准确核算是进行碳排放分析的基础,常用的人为源碳排放核算方法主要有投入产出法(Input-Output Analysis)[21-27]、清单核算法[28-30]、生命周期评价法(Life Cycle Assessment,LCA)[31-34]、经济投入产出生命周期评价方法(Economic Input-Output Life Cycle Assessment,EIO - LCA)[35-40]和问卷调查法[41-43]。

1. 清单核算法

清单核算法是利用碳排放清单、碳排放清单对应活动数据及碳排放因子,计算碳排放量的方法。主要是参考 IPCC 清单方法与国内外的相关研究成果构建碳排放清单,碳排放因子主要来源于 IPCC 报告指南、IPCC 排放因子数据库、国际能源署、著名的期刊等。该种方法对数据的要求较低,数据需求较少,易于收集,计算工作量不大,得到了世界各国的广泛使用,成为主流的碳排放估算方法之一。李志学等[44]构建了黑龙江省碳排放清单,全面核算 2000—2014 年黑龙江碳排放,并分析了碳排放强度、人均碳排放量及生态足迹。赵荣钦等[30]构建了省域层面碳排放清单及核算方法,计算了 2000—2010 年江苏省碳排放量,并利用情景分析法预测了江苏省的碳减排潜力。白卫国等[29]构建了广元市的温室气体核算方法,并测算了 2010 年广元市的碳排放情况。

2. 投入产出法

1931 年美国经济学家列昂惕夫首次提出了投入产出分析,在 20 世纪 60 年代将投入产出分析作为一种工具进行了深入研究,随后许多国家开始编制投入产出表,以解决实际经济问题,指导经济发展。投入产出分析研究各产业部门投入产出的相互依赖关系,以投入产出表为基础数据,利用产品的直接消耗系数与完全消耗系数估算二氧化碳排放[45]。Parikh 等[23]运用投入产出法,估算了意大利各产业终端消费产生的碳排放。刘宇等[45]在考虑不同因素的条件下,利用投入产出法测算 CO_2,比较了不同因素对碳排放估算结果的影响。高静等[46]运用多区域的世界投入产出表,测算了世界各国的出口碳排放,并分析了同一时间段各国碳排放增长路径存在差异的原因。

3. 生命周期评价法

1990 年生命周期评价的概念被首次提出,用于评价产品、服务、过程或活动生命周期内对环境造成的影响,是从"摇篮"到"坟墓"的自下而上的计算。陈莎等[31]使用生命周期评价模型,测算了北京市某社区居民产生的碳排放量,并分析了其主要特征。结果表明,平房与楼房家庭的人均年碳排放量具有一定差异,分别为 2 268.17 kg CO_2-eq/(人·a)、2 702.28 kg CO_2-eq/(人·a)。王晓莉等[32]将生命周期评价法应用到企业纯粮固态发酵白酒生产过程,测算了白酒生产过程各环节产生的碳排放,结果发现,锅炉环节是产生碳排放的关键环节。袁泽等[33]将生命周期评价法应用到工业生产过程的碳排放估计,较好地估算出工艺流程中各环节的碳排放量。

4. 经济投入产出生命周期评价方法

将经济投入产出法与生命周期评价法结合使用,弥补了两种方法的不足,扩展了原有方法。吴常艳等[35]使用 EIO - LCA 法测算了江苏省产业的直接和间接碳排放发现,电力、热力的生产和供应业的直接碳排放最大。万宇等[36]采用 EIO - LCA 和 IPCC 参考算法,测算了国民经济最终消费产品的直接或间接碳排放量,结果发现,电力行业的碳排放强度比其他行业高。

5. 问卷调查法

利用调查问卷收集个人或家庭的日常消费信息,按照其消费品或消费行为的碳排放系数,计算个人或家庭碳排放。Xu 等[42]利用南京、宁波和常州三市的问卷调查数据,分析了长三角地区城市家庭碳排放的特征、影响因素及减排对策,发现 2010 年长三角地区城市家庭碳排放的平均水平为 5.96 t。Li 等[41]利用新疆、甘肃、青海、宁夏和陕西 5 省的调查问卷,分析了西北地区家庭碳排放现状,利用空间计量经济学模型分析了影响人均碳排放的主要因素,结果表明,西北地区 87.56% 的人均家庭碳排放在 0.391 2 t~2.589 2 t,碳排放强度和人均家庭收入是家庭碳排放的主要影响因素。

以上综述了 5 种常用的估算人为源碳排放的方法,每种方法都有各自的优点与缺点,有些研究尝试综合利用几种方法计算碳排放,使结果更加科学合理,同时,也有学者改进现有核算方法,进而丰富了碳排放核算方法。

第二节　城镇化与碳排放关系研究

目前,城镇化对碳排放的影响主要有 3 种观点[47]:一是城镇化促进碳排放强度的降低,因为随着城镇化水平的不断提高,城镇人口不断增加,人口密度增大,公共基础设施会得到充分利用,出现规模效益,同时,城镇地区的技术和管理水平不断提高,碳排放强度和能源强度呈下降趋势[48, 49]。二是城镇化会导致碳排放量增加,因为随着城镇化水平的提高,大量农民涌入城市,人们生产生活方式发生改变,生产方式机械化,生活方式高碳化,对各种物质资料和基础设施的需求增加,导致碳排放量增加[50-56]。关于城镇化对碳排放的影响应综合考虑以上两方面。三是城镇化对碳排放影响不明显[57]。

郭郡郡等[58]利用 1980—2007 年的跨国非平衡面板数据,研究了城镇化与碳排放之间的关系,结果表明,总体上城镇化与碳排放间呈倒 U 形关系。Madlener 等[59]认为当地的城镇化水平决定了城镇化对碳排放的影响。Sharif Hossain[60]研究了

1971—2007 年新兴工业化国家二氧化碳排放与城镇化之间的动态因果关系发现,城镇化对碳排放具有正向作用。Dong 等[61]通过分析中国城镇化对温室气体排放的影响发现,城镇化对温室气体的影响呈倒 U 形,现在城镇化伴随着节约能源和减少温室气体排放,城镇化对 CO_2 排放的改变贡献了 18%。Zhu 等[62]在 STIRPAT 理论框架下,使用半参数面板数据模型研究了城镇化与碳排放之间的关系,结果表明,城镇化与碳排放之间呈非线性关系,很少有证据支持两者间呈倒 U 形。王钦池[63]从城市规模和城市化率两个角度,分析了城市化对碳排放的影响发现,在碳排放约束条件下,要实现城市化,应平衡城市规模和城市化率。徐丽娜等[64]在 STIRPAT 理论框架下,使用面板变系数模型研究了城镇化对碳排放的影响发现,不同城镇化水平下,城镇化对碳排放的影响不同。张鸿武等[65]研究了城市化对 CO_2 排放的影响发现,不同收入组城市化与 CO_2 排放的关系不同。Wang 等[66]使用半参数面板回归模型研究了 1960—2010 年 OECD 国家城镇化与碳排放之间关系发现,城镇化与碳排放之间存在倒 U 形曲线。Xu 等[67]利用非参数可加回归模型分析了 1990—2011 年中国工业化和城镇化对碳排放的影响,结果表明,城镇化对碳排放的影响在东部地区呈现倒 U 形,在中部地区呈现 U 形,西部地区不明显。Zi 等[68]运用阈值分析研究了 1979—2013 年二氧化碳排放与城镇化之间的关系,结果表明,当阈值点超过 0.43 时,碳排放增加,工业占 GDP 比重增加的初期,城镇化会增加碳排放,当工业占 GDP 比重增加到一定程度,城镇化会降低碳排放。

第三节　碳排放影响因素研究

　　碳排放的影响机理研究是碳排放研究的重要内容,有助于掌握碳排放时空演化的驱动因素、预测变化趋势和制定碳减排政策。不同学科从不同视角开展了碳排放变化的驱动因素分析,除城镇化因素之外,主要包括经济增长[69]、人口规模[70]、产业结构[71]、能源结构[72]、能源强度[73]、技术进步[74]和环境规制[75]等因素。

　　经济发展是二氧化碳排放的主要来源,研究表明,经济增长与碳排放之间呈倒 U 形曲线关系,即在经济发展的初期,随着经济的增长,碳排放增加[76];当经济发展到一定阶段以后,随着经济水平的提高,碳排放减少[77]。

　　人口规模对碳排放的影响具有双向性,一方面,人口总量的增长,能源消费量增加,对资源环境的压力增大,直接导致二氧化碳排放增加,另一方面,人口增加可促进技术进步,一定程度上会减少碳排放[70,78]。

　　产业结构对碳排放影响主要有两种观点:一是产业结构对碳排放具有显著影响。第二产业能耗较大,是碳排放的重要来源,第二产业比重的增加不利于降低碳排放[79]。二是产业结构对碳排放没有显著影响。Schipper 等[80]对 13 个国际能源署(International Energy Agency,IEA)国家的 9 个制造业部门的碳排放强度和 CO_2 排放趋势进行了因素分解,发现产业结构对

CO_2排放趋势的影响作用不大。

能源结构和能源强度也是影响碳排放的重要因素。张翠菊等[81]采用协整检验和误差修正模型研究了中国经济增长、城市化与能源结构对碳排放强度的影响,结果表明,以煤炭为主的能源结构是影响节能减排的最大障碍。Wang 等[73]采用 STIRPAT模型分析了能源消费碳排放的主要影响因素,结果表明,在发达地区,能源强度对碳排放的影响最大。

技术进步因素是促使碳排放量减小的主要因素[74]。技术进步对碳排放的作用表现为直接作用和间接作用:直接作用体现在低碳技术的发展直接降低碳排放;间接作用体现在技术进步可改善能源消费结构和优化产业结构[82],间接降低碳排放。

环境规制是实现经济与环境协调可持续发展的重要手段,是抑制企业碳排放行为的重要因素[83, 84]。多数有关中国环境规制对碳排放影响的研究表明,中国存在"倒逼减排"效应,现阶段的环境规制能有效抑制碳排放[75, 85-87]。部分研究表明,中国环境规制对碳减排的作用不明显[88]。

第四节 碳排放效率研究

碳排放效率与碳减排目标的实现及低碳城镇化建设有密切关系,可用目标碳排放与实际碳排放的比值测度。其中,采用数据包络分析模型(Data Envelopment Analysis,DEA)可计算目标碳排放[89]。目前学者采用不同方法,从不同尺度开展了碳排放效率的研究。

学者们使用不同方法研究了环境效率或碳排放效率问题。Charnes 等[90]首次提出了数据包络分析模型（DEA），现已被广泛应用到环境效率或碳排放效率领域[89,91-95]。Zhang 等[96]应用数据包络窗口分析计算了中国碳排放效率与减排潜力，结果表明，西北地区碳减排潜力最大。Feng 等[95]提出了三层次元边界 DEA，首次将效率分解为结构效率、技术效率和管理效率，并将其应用到中国全要素二氧化碳排放效率的研究中。结果表明，由于结构无效、技术无效和管理无效，中国大陆碳排放效率相对较低。袁凯华等[94]使用 SBM 模型分析了中国省域碳排放效率，结果发现，多数省域碳排放效率呈上升趋势，南方省域综合效率上升速度比北方快。

有关能源效率或碳排放效率的研究多基于国家尺度[93,97-101]或省域尺度[70,96,102-105]。如钱志权等[101]使用 Malmquist-Luenberger 指数方法测算了 1995—2012 年东亚地区碳排放效率后发现，总体上碳排放效率有下降趋势，各经济体间的差异较大，且有扩大趋势。Ignatius 等[100]使用模糊 DEA 模型，评价了欧盟 23 个国家的碳排放效率。Zhou 等[93]应用两阶段 DEA 模型评价了 1995—2013 年亚太经合组织国家的能源效率，结果发现，发达国家的能源效率通常高于发展中国家。郭炳南等[105]采用 SBM 模型计算了 1997—2014 年长三角地区的碳排放效率，发现长三角地区碳排放效率值存在较大差异，上海的碳排放效率接近于 1，远高于江苏和浙江。袁长伟等[104]使用超效率 SBM 模型计算了中国省域交通运输碳排放效率，并分析了其时空特征及影响因素,结果表明,碳排放效率变化在时间上呈环境库兹涅茨曲线,存在明显的空间集聚特征,节能技术水平对碳排放效率具有明显的正向作用。

虽然一些学者研究了碳排放效率的影响因素[92, 106-110],但研究城镇化对碳排放效率影响的较少[111]。Lin 等[107]评价了1997—2009 年中国碳排放效率,结果表明,市场经济改革有利于提高碳排放效率。Zhao 等[112]研究了环境规制对碳排放和碳排放效率的影响,结果表明,市场调节和政府补贴有助于降低碳排放,提高碳排放效率。Cui 等[106]采用虚拟边界 DEA 分析了交通部门的碳排放效率,结果发现,技术因素和管理因素比结构因素对碳排放效率的影响大。许士春等[110]分析影响中国碳排放效率的因素发现,经济增长和节能技术是重要影响因素,经济增长对碳排放效率具有负向作用。孙秀梅等[109]运用Tobit 回归分析了影响碳排放效率的因素发现,城镇化率、产业结构和经济发展水平对碳排放效率具有正向作用,能源强度对碳排放效率具有负向作用。曲晨瑶等[108]分析了产业集聚对中国制造业碳排放效率的影响,发现产业集聚有利于提高碳排放效率。

第五节　碳排放收敛性研究

Solow[113]首次提出的收敛理论已成为现代经济增长理论中的重要研究内容。经济增长理论中的收敛理论已经突破了其原应用领域,被应用到碳排放领域中,拓宽了其理论空间,同时丰富了碳排放的研究内容。Strazicich 等[114]首次分析了 1960—1997 年 21 个经合组织(Organization for Economic Co-operation and Development,OECD)国家碳排放量的收敛性,结果表明,碳排放量存在 β 收敛和随机收敛。Aldy[115]分析了美国碳排放发现,碳排放不存在收敛特征。Yavuz 等[116]分析了 G7 国家人均碳排放数据发现,1996—2005 年人均碳排放存在条件趋同。Nourry[117]运用成对法单位根检验分析了 1950—1990 年 81 个国家碳排放的收敛性发现,碳排放表现出发散性。王娟等[118]检验了人均碳排放及碳排放强度的敛散性发现,人均碳排放和碳排放强度均存在随机趋同。

随着空间计量经济学的不断发展,应用领域的不断拓展,空间计量经济学的方法开始用于研究碳排放问题。Huang 等[119]运用空间计量经济学模型分析了中国城市人均碳排放的收敛性发现,1985—2008 年城市人均碳排放存在收敛性。由地理学第一定律可知[120],任何事物都与其他事物存在相互联系,距离较近事物比距离较远事物的联系更强。现有研究多缺乏空间视角,忽略了空间因素,在模型设置上会出现偏误。现有关碳排放收敛性的研究主要集中在国家尺度或省域尺度,考虑区域整体及内部关联研究市域尺度的较少;以前研究主要是分析人均碳排放的收敛性,分析碳排放强度或效率的收敛性的较少;绝大多数研究忽略了空间因素的影响[121]。

第六节　碳排放情景模拟研究

学者们利用不同方法对碳排放量进行预测分析,主要的预测方法包括 STIRPAT 模型[122-124]、情景分析法[125]、IPAT 模型[126, 127]、LEAP 模型[128, 129]、蒙特卡洛动态模拟[130]、中国能源环境综合政策评价模型(IPAC)[131]、ARIMA 模型和 BP 神经网络组合模型[132]、Logistic 模型[133] 和系统动力学模型[134] 等。

黄蕊等[122]使用 STIRPAT 模型和情景分析法预测了江苏省能源消费碳排放量,当人口和经济低速增长,技术高速发展时,2020 年江苏省碳排放量预测值为 202.81Mt C。朱宇恩等[126]使用改进的 IPAT 模型预测了 2015—2040 年山西省能源碳排放,结果表明,GDP 在低速和中速发展情景下,山西省碳排放可在 2030 年前达到峰值,而在高速增长情景下,2015—2040 年无法到达碳排放峰值。马海涛等[128]设置了基准增长、比例控制和总量控制三种情景,利用 LEAP 模型预测了京津冀区域公路客运交通碳排放,结果表明,总量控制情景较比例控制情景减排效果更明显,但到 2030 年,两种情景的碳排放仍呈增长趋势。Shan 等[129]使用 LEAP 模型模拟了不同情景下 2020 年与 2030 年能源的初始和最终需求,结果发现,2020 年总的最初能源需求达到 4 840~5 070 Mt,2030 年为 5 580~5 870 Mt,所有发展情景下,均能实现碳排放强度下降 40%~45% 的目标。刘云鹏等[130]运用蒙特卡洛动态模拟预测了2030年居民生活消费碳排放情况发现,碳排放的最大概率值为64.27亿吨。毕莹等[123]在扩展的STIRPAT理论框架下,利用回归模型预测了辽宁省碳排放量,结果表明,低碳情景下,辽宁省碳排放到达峰值的时间最早,为2034年,且碳排放量最小。激进碳排放情景下,碳排放达到峰值的时间最晚,为2040年。姜克隽等[131]使用中国能源环境综合政策评价模型(IPAC)预测了中国2050年能源需求和温室气体排放,结果表明,未来能源需求和温室气体排放呈明显增加趋势。赵成柏等[132]利用ARIMA模型和BP神经网络组合模型,预测了中国碳排放强度的变化,结果表明,2020年中国碳排放强度比2005年下降了34%,因此要完成国家碳减排目标,必须调整宏观经济政策。杜强等[133]利用Logistic模型,预测了2011—2020年中国各省区的碳排放量。林伯强等[124]利用LMDI和STIRPAT模型预测了中国二氧化碳排放量,结果表明,当人均收入为37 170元时,出现CO_2排放的理论拐点。Wen等[125]以2010年为基期,设置了两种政策情景和三种技术情景,预测了2015年、2020年、2030年直接碳排放趋势、转折点、减排潜力和成本,在2015年和2020年间工业部门可能会达到碳排放峰值,消费部门存在较大的碳减排潜力,消费部门2030年无法达到碳排放峰值。韩楠[134]通过分析供给侧要素与碳排放影响因素之间的作用关系,构建碳排放系统动力学模型,模拟预测未来中国碳排放的发展趋势。由于所选择方法、影响因素、设置情景的差异,预测结果存在较大差异。在以上方法中被国内外学者广泛接受的是IPAT模型,因为该模型能够将碳排放分解成几个影响因素乘积的形式,能够根据具体影响因素对模型进行扩展和改进。

第七节　碳排放配额分配研究

Rose 等[135]首次提出碳排放权分配应该考虑效率与公平。随后,学者们从不同角度提出了不同碳排放配额分配的方法。Gomes 等[136]提出了零和收益 DEA 模型(Zero Sum Gains Data Envelopment Analysis,ZSG‐DEA),并使用 ZSG‐DEA 模型对碳排放配额进行重新分配,使得所有决策单元的碳排放效率为1,以实现最优或公平性分配。王科等[137]提出了一种新的配额分配模型 DEA‐CEA(DEA based carbon emissions allocation),充分考虑了总量控制、效率优先与人均公平问题。DEA‐CEA 模型模拟的碳排放配额分配结果较传统 DEA 模型的减排成本更低。宋德勇等[138]从人均历史累计碳排放的角度,利用碳基尼系数测算了公平性,并计算了 2020 年中国各地区的碳排放配额。李小胜等[139]使用集中分配 DEA 模型,计算了中国省域的碳排放初始配额,结果发现,低效率的省域应减少碳排放,高效率省域应增加碳排放。宋杰鲲等[140]考虑世袭制、平等主义、支付能力和综合公平等原则对 2020 年中国的碳排放配额进行分配,结果表明,只有碳排放在全国范围内自由流动和优化配置,才能够实现"十三五"减排目标。Guo 等[141]提出了零和收益的 SBM 效率分配模型(ZSG‐SBM),通过设置 4 种情景,分析了

"十三五"时期中国省域碳减排目标。李陶等[142]以碳排放强度为基础数据,构建了各省的减排成本估计模型,在全国减排成本最小的目标下,利用线性规划的方法得到了各省市的碳减排配额分配方案。Zeng 等[143]从分配效率的角度,以 2010 年为基期,使用 ZSG - DEA 模型分析了 2020 年中国 30 个省市的碳排放配额,结果表明,河北、内蒙古、辽宁、吉林、黑龙江、山东、山西、河南、贵州、陕西、甘肃、青海、宁夏和新疆必须减少碳排放,其他省份保持不变或者增加碳排放。经以上文献分析可知,碳排放配额分配逐渐由单指标转换为多指标,考虑的限制条件逐渐增多。其中,ZSG - DEA 模型能够确保碳排放总量不变,研究碳排放配额的优化分配。

第八节　研究进展述评

目前学者从不同角度研究了城镇化碳排放问题,主要集中在碳排放核算方法、城镇化与碳排放关系、碳排放时空格局及影响机理、碳排放情景模拟、碳排放配额分配等方面,以前研究成果为本研究提供了良好的前提和基础,但现有研究中仍存在以下不足:

(1)在城镇化与碳排放关系的研究中,多数忽略了空间因素的影响。由地理学第一定律可知[120],任何事物都与其他事物存在相互联系,距离较近事物可能比距离较远事物的联系更强。由此可知,各研究单元并非独立存在,而是相互联系的,每个空间单元可能通过技术扩散、产业转移、劳动力转移等影响相邻空间单元[121]。而忽略空间因素的影响,可能导致模型估计结果偏误。

（2）学者们开展了大量碳排放影响因素的研究,考虑了多种影响因素,利用不同模型,取得了丰硕的成果。但从效率的视角入手,研究城镇化对碳排放效率影响的较少,同时,研究尺度多集中在国家尺度或省域尺度,对于市域尺度研究较少,而在国家或省域内部存在较大差异,对于市域尺度的研究,更有利于获得精确的结果,有助于揭示城镇化对碳排放效率的影响机理,为低碳城镇化建设提供科学基础。

（3）社会经济发展是影响城镇化碳排放的重要因素。在研究方法上,多采用传统计量经济学模型,未考虑空间因素的影响。然而,忽略空间效应,可能导致估计结果的偏误。因此,建模时,有必要考虑空间因素的影响。研究城镇化对碳排放影响机理较多,缺乏碳排放对城镇化制约机制的研究。从现有城镇化与碳排放关系的研究可知,多数研究了城镇化对碳排放的作用机理,分析了城镇化因素对碳排放的影响。随着碳排放量不断增加,温室气体不断增强,全球气候变暖引起的各种极端天气和气候灾害加剧,已经开始影响到人们正常生活,且这种影响正在逐渐增强,学者们应该加强碳排放对城镇化制约机制的研究。

（4）在碳排放情景模拟中,以往学者多关注能源消费碳排放峰值,忽略了工业碳排放,但工业碳排放在总碳排放中占有较大比例,忽略工业碳排放会导致碳排放预测值偏低。现有研究对象多为省域或国家,以城市群为研究对象的相对较少,城市群是中国碳排放的重要来源,对中国碳减排目标的实现具有重要意义。

(5)在碳排放总量和强度双重约束下,研究碳排放配额分配的相对较少。以前对碳排放配额分配的研究有些是基于单指标,如人均碳排放量、累加碳排放量和碳排放强度等。也有些学者根据研究目的,构建了不同的投入分配模型,如传统 DEA 模型、零和收益 DEA 模型、DEA－CEA 模型、集中分配 DEA 模型等。其中,零和收益 DEA 模型能够在保证碳排放总量和强度不变的前提下,对碳排放配额进行优化分配,使碳排放效率达到最优。在研究尺度上,主要集中在国家尺度和省域尺度,而在地级市尺度上,对碳排放配额进行分配的研究相对较少,地级市尺度能够提供比省域尺度更加精确的信息,有助于制定准确的碳减排目标。

第三章 城镇化碳排放效应的
理论分析

在新型城镇化背景下,城镇化与碳排放关系不确定,相互作用过程极其复杂,研究城镇化与碳排放关系及其相互作用机理,具有重要意义。本章从人地关系、可持续发展、低碳经济和城镇化发展等方面,阐述了本研究的理论基础,界定了相关概念,探讨了城镇化与碳排放的作用机理。

第一节 城镇化碳排放效应研究的理论基础

一、人地关系理论

人地关系研究一直是地理学的研究核心,也是地理学理论研究的一项长期任务,并始终贯彻在地理学的各个阶段[144]。地理环境和人类活动两个子系统构成了人地系统,它是一个复杂的、开放的巨系统,且内部具有一定的结构和功能机制。在该巨系统中,人类活动和地理环境两个子系统间的物质循环与能量转化,形成了发展变化的机制[145]。当今世界面临着严峻的人口、资源和环境问题,一方面人口的快速增长对资源环境压力较大,超过资源环境承载能力,导致环境污染与生态破坏;另一方面,人类过度开采自然资源,导致资源短缺与枯竭,生物生存环境遭到较大破坏,生物多样性降低,因此,研究人类社会与地理环境的关系具有重要意义。人地关系的中心目标是协调人地关系,本研究的总目标是探讨城镇化与碳排放之间的作用机理,协调城镇化与碳排放的关系,以实现低碳城镇化发展。从空间差异、时间演变和作用机理等方面探索人地关系中城镇化与碳排放的协调发展。因此,以人地关系理论作为本研究的基础理论。

　　人地关系是人类系统与自然系统的相互作用,在人地关系系统中,人对自然系统具有重要影响,要实现人地关系协调,必须要解决人口数量增加带来的各种物质文化需求的增加与资源环境承载能力有限之间的矛盾,这也是地理学与其他相关学科的重点研究课题[146]。现代地理学对人地关系的研究,采用定性分析与定量分析相结合的方法,不仅采用综合理论分析,还引入了大量的数理模型,随着计算机技术的不断发展,遥感、地理信息系统和计算机模拟等不断应用到研究中,现代地理学开始走向推理逻辑化、体系严密化和理论模式化的道路[144]。城镇化与碳排放关系的研究是人地关系研究的重要内容之一,也应该采用定性分析与定量分析相结合的方法,并不断引入新的研究方法与技术,如机器学习、空间计量方法、"3S"技术和计算机模拟技术等,客观全面地揭示城镇化与碳排放的作用机理。

二、可持续发展理论

1962 年,《寂静的春天》一书的出版,使人类开始关注环境问题,在此之前几乎找不到"环境保护"一词。该书的发行唤起了人们的环境意识,促使人们注重环境保护,同时,各国政府也逐渐意识到了环境保护的重要性。1972 年,在瑞典斯德哥尔摩召开了"世界人类环境大会",共同提出"只有一个地球",首次发布了《人类环境宣言》;1987 年,联合国世界与环境发展委员会发表了《我们共同的未来》,首次正式提出可持续发展概念;1992 年,联合国环境与发展大会上可持续发展得到与会者共识与承认。可持续发展理论是指既满足当代人的需求,又不对后代人满足其需要的能力构成危害的发展。

公平性、持续性、共同性是可持续发展理论的基本原则。其中,公平性原则包括两层含义,一方面是代内区际公平性,即一个地区的发展不应以损害其他地区的发展为代价;另一方面是代际公平性。公平性原则也是研究碳排放配额分配要遵守的基本原则之一。持续性原则是指生态系统受到某种干扰时保持其生产力的能力。持续性原则的核心是人类的经济和社会发展不能超越资源与环境的承载能力,资源的持续利用和生态系统的可持续性是本研究节约能源、提高能源利用效率和降低碳排放强度的理论基础。共同性原则要求全球人民共同行动,以实现可持续发展。碳排放是引起全球变暖的重要因素之一,要实现碳减排目标需要全球人民共同努力。实现经济、人口、资源和环境的协调发展是可持续发展战略的目标体系,也是协调城镇化与碳排放关系的重要因素。在碳排放峰值研究及碳排放配额优化分配研究中,可持续发展是进行低碳城镇化路径选择的重要依据。

三、低碳经济理论

随着温室效应的不断增强,全球气候变暖问题日趋严重,2003 年,"低碳经济"首次出现在英国政府官方文件《能源白皮书》(《我们未来的能源——创建低碳经济》)中。2007 年政府间气候变化专门委员会第四次科学评估报告发布以后,尤其是"巴厘路线图"达成以后,低碳经济引起了国际社会的广泛关注,低碳经济的理念逐渐被决策者所接受。2009 年,哥本哈根气候大会虽未达成具有法律约束力的协议,但却掀起了"低碳经济"的热议。低碳经济的内涵即在可持续发展理论的指导下,利用技术创新、制度创新、产业转型、新能源开发等多种手段,改变能源消费结构,降低高碳能源使用比重,减少温室气体排放,以实现发展社会经济和保护生态环境双赢的一种经济发展形态。

低碳经济理论的直接目的是减少人为源二氧化碳、甲烷等温室气体排放,减缓全球变暖。低碳经济理论注重低碳技术创新与制度创新,一方面,引进先进低碳技术,加大低碳技术研发投资力度,鼓励低碳技术创新,推广低碳技术产品;另一方面制定更加严格的环境规制,利用碳交易市场,降低碳减排成本。同时,还可以通过优化调整产业结构,转变经济增长方式;开发利用新能源与清洁能源,充分利用太阳能、风能、水能和潮汐能等,减少化石能源消费,优化能源消费结构,提高能源利用效率;改变人们的生活方式,提倡低碳消费和绿色消费,倡导绿色出行。在全球变暖问题引起了各国政府广泛关注的背景下,低碳经济理论引起了世界的关注,在国家、地区或区域间均强调利用低碳发展策略减少温室气体排放,应对全球变暖。低碳经济理论为本研究中的低碳调控策略分析提供了科学依据。

四、城镇化发展理论

城镇化发展相关的理论较多,与本研究密切相关的理论主要包括非均衡发展理论和二元结构理论。

非均衡发展理论起源于循环累计因果理论、增长极理论和核心—边缘理论。循环累计因果理论认为各区域间存在劳动力、资金与技术等要素的收益差距,要素逐渐由收益低的地区流向收益高的地区,区域间差异逐渐增大,形成区域性的二元经济结构。增长极理论认为经济活动中心既能拉动本区域的经济增长,同时,对周围区域也有一定的辐射带动作用,经济活动的集聚效益明显优于分散状态。核心—边缘理论认为核心区会不断地向周围地区输出技术和商品,同时,从周围地区吸引资本和劳动力,其对周围地区有辐射带动作用,但也会抑制周围地区的发展,逐渐形成核心—边缘结构。非均衡发展理论能够很好地解释城镇化过程中存在的各种社会经济现象,揭示其影响机制,对分析城镇化与碳排放的时空演化特征具有重要的指导作用。

1954 年,美国经济学家刘易斯将发展中国家的产业结构大致分解为两大部门,即农业部门和现代部门。在具有二元结构的国家中,农业部门具有丰富的低收入劳动力。如果现代部门能够提供高于传统部门的工资,那么农业部门中的劳动力就会转移到现代部门中。该理论能够很好地解释人口城镇化问题,在城镇化进程中,农村人口大量涌入城镇,由农村人口变为城镇人口,一方面,城镇地区具有较好的工资水平和生活环境,另一方面,城镇地区具有较多的就业机会。

第二节　城镇化碳排放效应的相关概念

一、碳源

碳源是指向大气中释放二氧化碳的过程、活动或机制。自然碳源主要包括海洋、土壤、岩石和生物体。人为碳源主要包括工业生产过程、能源消费、日常生活等。自然碳源是碳排放的主要来源,虽然人为碳源占总碳源的比重相对较小,但人为碳源对全球变化的影响越来越明显,逐渐引起了人类的重视。

二、碳汇

碳汇是指从大气中清除二氧化碳的过程、活动或机制。主要包括森林碳汇、草地碳汇、耕地碳汇和海洋碳汇等,其中,主要是指森林吸收二氧化碳的能力。

三、碳补偿

碳补偿是指区域陆地生态系统的碳汇对人为源碳排放的吸收效果,即区域自然生态系统的碳吸收过程,碳吸收和碳排放的比值为碳补偿率[147]。

四、碳排放峰值

碳排放峰值是指在时间序列上,某区域的碳排放量呈波动变化,当在某时间点,碳排放量会增加到最大,其他时间点的碳排放量均小于该值,则该碳排放最大值为碳排放峰值。2015 年,中国在"国家自主贡献"中提出 2030 年左右二氧化碳排放达到峰值,这是中国官方首次提出碳排放峰值,随后学者开展了大量有关碳排放峰值的研究。

第三节　城镇化碳排放效应的机理分析

一、城镇化对碳排放的影响机理分析

城镇化深深地影响了乡村和城镇区域间的要素流动和空间联系,人口结构、就业结构、产业结构和土地利用结构等的变化引起碳排放变化[148, 149]。城镇化使得农村人口逐渐转变成城镇人口,受城镇文化的影响,农村人口的生产方式、生活方式和价值观念发生了改变。生产方式由原来的人力为主转向使用机械,消费方式高碳化,导致能源消费量和碳排放量增加[150]。就业人口由第一产业向第二产业、第三产业转移,其所从事经济活动的模式逐渐发生转变,其能耗方式向着更加集聚的方向转变。但农业人口向城镇地区迁移的过程会增加碳排放[151]。产业结构中第二产业和第三产业比重增加,尤其是第二产业比重的增加,导致碳排放增加[148]。在城镇化过程中,土地非农化蔓延,土地利用结构改变,由原来的生态用地或农用地逐渐转变成建设用地,导致其生态功能减弱,由原来的碳汇区转换为碳源区,碳排放增加。

城镇化对生态系统的结构、功能和动态机制具有多种影响,带来了一系列的社会经济和环境问题,导致资源消耗量和碳排

放量增加[152,153]。当城镇化水平处于初级阶段时,随着城镇化水平的提高,碳排放可能也呈现一定程度的增加。一方面,大量农民由农村涌入城镇,城镇人口急剧增加,导致了各种物质资料和基础设施需求量增大,能源消耗增加,直接导致碳排放量增加。同时,在城镇化过程中出现的大拆大建和重复建设,也会导致碳排放量增加。另一方面,城镇化的快速发展,导致城镇面积的迅速扩张,大量的农用地或生态用地被占用,土地利用方式发生了较大改变,间接导致碳排放量增加。如原来的农用地和生态用地主要作为碳汇区域,而当被用作居民点用地时,家庭碳排放将成为其主要来源,包括家庭日常消费产生的碳排放;用作交通用地时,土地的结构可能会发生变化,地面由原来的土壤变为水泥或沥青路面,而对水泥和其他建路材料的消耗,直接导致了碳排放增加,同时,各种交通燃料的使用,也导致了碳排放增加。

当城镇化水平提高到一定程度时,会促进管理技术和低碳技术水平的提高,有助于充分利用各种资源和基础设施,通过优化城镇空间布局,完善交通设施,提高公共交通使用率,科学合理规划居住区与工作区,尽量减少职住分离,在一定程度上均可抑制碳排放增长速度,提高碳排放效率。同时,随着城镇化水平的不断提高,人们对环境的要求越来越高,迫使政府增加对环境保护和先进技术引入的投资力度,降低碳排放量,实现城镇化与低碳发展的双赢。

二、碳排放对城镇化的影响机理分析

目前多数文献研究城镇化对碳排放的影响,而研究碳排放对城镇化制约作用的较少。实际上,碳排放对城镇化具有一定的制约作用,一方面,碳排放不断增加,温室效应不断增强,全球变暖日益加剧,导致了各种极端天气灾害加剧,阻碍了城镇化的可持续发展,而城镇地区则是极端天气灾害的"重灾区"。城镇化改变了地表的自然形态和局部小气候,导致强降水成灾严重;工厂和交通导致气溶胶增加,雾霾灾害较为严重。另一方面,随着各国政府对碳减排问题的高度重视,中国政府也加强了对碳减排问题的关注,制定了一系列的碳减排目标,城镇地区作为碳排放的重要排放区域,成为碳减排的重点调控区域。"十三五"期间要实行碳排放总量和强度的双重控制,即要严格控制各省市的碳排放总量和强度,在一定程度上可能会制约城镇化的发展。

三、城镇化与碳排放的脱钩分析

"脱钩"(Decoupling)最初源于物理领域,物理学界一般理解为"解耦",即两个或多个物理量之间不再存在响应关系。1966年,国外学者提出了经济发展与环境压力的"脱钩"问题,首次将"脱钩"概念应用到社会经济领域[154]。随后,经济合作与发展组织(OECD)提出了脱钩理论,主要用于经济增长与环境污染或资源消耗之间联系的基本理论,脱钩状态即当经济发展时,资源利用或环境污染保持稳定或下降。OECD[155]将脱钩分为绝对脱钩和相对脱钩,其中,绝对脱钩表示当经济发展时,与之对应的环境要素保持稳定或下降的现象,又称强脱钩;相对脱钩表示经济增长率和环境要素的变化率均为正值,经济增长率大于环境要素的变化率,又被称为弱脱钩。随着脱钩理论的不断发展,逐渐被应用到经济发展对能源[156]、碳排放[157]、耕地占用[158]关系的研究。综合分析脱钩理论的相关研究成果发现,所有成果均期望经济增长与环境要素呈现脱钩状态,即经济增长而环境要素消耗保持稳定下降。但许多研究成果并没有呈现"脱钩"状态,经济增长可能与环境要素消耗同升同降。

根据王仲瑀[159]的研究,将脱钩类型分为 8 种类型,主要包括强负脱钩、弱负脱钩、扩张负脱钩、强脱钩、弱脱钩、衰退脱钩、增长连结、衰退连结[160]。经济增长较快地区,由于经济发展对能源的依赖,能源消耗量增加,碳排放量增加。如果经济增长与二氧化碳排放增长均为正,且经济增长速度快于二氧化碳排放增长速度,则称之为"相对脱钩";如果经济稳定增长而二氧化碳排放保持稳定或下降,则称之为"绝对脱钩"[160]。借鉴经济发展与碳排放之间"脱钩"的内涵,研究城镇化水平提高与碳排放增长之间的关系。从中国城镇化特点可知,一般经济增长较快的地区,城镇化水平较高,同时,由于其对能源的依赖性较强,碳排放增加也较快,当城镇化增长速度快于碳排放增长速度时,则称之为"相对脱钩";城镇化水平的提高带来各种技术水平和管理水平相应的提高,同时,各种资源和能源的利用效率也会提高,经济发展对能源和资源的依赖程度开始降低,碳排放的增长率下降,当城镇化稳定增长而二氧化碳保持稳定或下降时,则称之为"绝对脱钩"。

第四章　长三角地区碳收支的
时空格局研究

碳收支核算是碳排放研究的重要内容之一[161, 162]，科学评价碳吸收与碳排放的时空特征及平衡状况，可为碳减排政策制定提供科学基础。国际上的碳减排协议谈判、国内碳减排配额的分配及碳交易等，都离不开碳收支核算。目前，长三角地区市域层面缺乏统一的碳排放核算体系，而碳排放清单及核算方法，是分析碳收支的基础。对长三角地区市域碳吸收、碳排放与碳收支时空特征及其驱动机理的研究，有利于准确地掌握长三角地区各市的碳收支状况，为制定差异化的碳减排政策提供科学依据。因此，本研究首先构造长三角地区的碳排放清单及核算方法，在此基础上，以长三角地区的 25 个市为研究对象，利用传统统计分析、空间分析和探索性时空数据分析（Exploratory Space-Time Data Analysis，ESTDA）等方法，研究长三角地区碳吸收、碳排放及碳收支时空特征及驱动机理，以期为长三角地区制定差异化的碳减排政策提供科学依据。

第一节 数据来源与研究方法

一、数据来源

DMSP/OLS 夜间灯光数据源自美国国家海洋和大气管理局（NOAA，National Oceanic and Atmospheric Administration）下属的国家地球物理数据中心（NGDC，National Geophysical Data Center）。工业产品产量、常住人口、人均 GDP、第二产业比重、城镇人口和货物进出口总额等来源于《江苏统计年鉴》《浙江统计年鉴》《上海统计年鉴》《长江和珠江三角洲及港澳台统计年鉴》《中国区域经济统计年鉴》《中国城市统计年鉴》《浙江 60 年统计资料汇编》及各市的统计年鉴、国民经济和社会发展统计公报。林地、耕地、草地和建设用地等面积，从 1995 年、2000 年、2005 年、2010 年中国土地利用现状遥感监测数据中获得，该数据源自中国科学院资源环境科学数据中心，2013 年长三角地区土地利用数据以 Landsat TM/ETM 遥感影像为主要数据源，通过人工目视解译生成。对 TM 图像进行几何纠正与辐射纠正，然后对图像进行镶嵌与整饰。同时，使用地形地貌图作为辅助数据，并配合适当的实地勘察[163]。GIS 图形数据从国家基础地理信息中心 1∶400 万数据库获得。植被类型图是将上海、江苏和浙江的纸质植被图进行数字化获得。各市能源碳排放采用 DMSP/OLS 夜间灯光数据模拟反演获得。

二、研究方法

1. 标准差椭圆

标准差椭圆可用于揭示碳排放或碳吸收空间分布整体特征,其基本参数主要由沿 X 轴和沿 Y 轴的标准差、转角 θ 构成,沿 X 轴和沿 Y 轴的标准差用于表示沿 X 轴和沿 Y 轴的离散程度,转角 θ 用于反映碳排放或碳吸收空间分布的主趋势方向。

沿 X 轴和沿 Y 轴的标准差为

$$\sigma_X = \sqrt{\frac{\sum_{i=1}^{n}\left(\widetilde{X}_i\cos\theta - \widetilde{Y}_i\sin\theta\right)^2}{n}} \qquad (4-1)$$

$$\sigma_Y = \sqrt{\frac{\sum_{i=1}^{n}\left(\widetilde{X}_i\sin\theta - \widetilde{X}_i\cos\theta\right)^2}{n}} \qquad (4-2)$$

式中,σ_X 为沿 X 轴的标准差;σ_Y 为沿 Y 轴的标准差。

转角 θ 计算公式如下:

$$\tan\theta = \frac{\left(\sum_{i=1}^{n}\widetilde{X}_i^2 - \sum_{i=1}^{n}\widetilde{Y}_i^2\right) + \sqrt{\left(\sum_{i=1}^{n}\widetilde{X}_i^2 - \sum_{i=1}^{n}\widetilde{Y}_i^2\right)^2 + 4\left(\sum_{i=1}^{n}\widetilde{X}_i\widetilde{Y}_i\right)^2}}{2\sum_{i=1}^{n}\widetilde{X}_i\widetilde{Y}_i}$$

$$(4-3)$$

式中,θ 为转角;$\widetilde{X}_i$ 和 $\widetilde{Y}_i$ 为各市 X、Y 坐标与长三角地区平均中心的偏差;n 为长三角地区市域单元总数。

2. 空间自相关分析

Moran's I 和局部 Moran's I 被用于研究碳排放、碳吸收和碳收支的空间自相关分析。Moran's I 能够在全局水平上识别

空间关联的格局和空间异质性,被广泛应用于碳排放空间关联问题。Moran's I 的计算公式如下[164]:

$$I = \frac{n \sum\limits_{i=1}^{n} \sum\limits_{j=1}^{n} w_{ij}(x_i - \overline{x})(x_j - \overline{x})}{\sum\limits_{i=1}^{n} \sum\limits_{j=1}^{n} w_{ij} \sum\limits_{i=1}^{n}(x_i - \overline{x})^2} \qquad (4-4)$$

式中,n 表示长三角地区市域总数,w_{ij} 表示空间权重矩阵(选择 Q 型邻接矩阵,并进行行标准化),x_i 和 x_j 分别表示市域 i 和市域 j 的碳吸收、碳排放或碳收支,$\overline{x}$ 表示长三角地区平均碳吸收、碳排放或碳收支。Moran's I 值在 $-1\sim1$,小于 0、大于 0 和等于 0 分别表示负的空间自相关、正的空间自相关和空间随机分布。Moran's I 的绝对值越大,空间自相关性越强。

局部 Moran's I 值反映局部尺度上的空间关联,能够测度局部空间自相关和反映相邻地市间的局部空间关联和变化。局部 Moran's I 的计算公式如下[165]:

$$I_i = \frac{(x_i - \overline{x}) \sum\limits_{j} w_{ij}(x_j - \overline{x})}{\sum\limits_{j}(x_j - \overline{x})^2} \qquad (4-5)$$

式中,I_i 表示局部 Moran's I,其他变量含义与式(4-4)相同。局部 Moran's I 主要包括四种类型,即 LL、LH、HL 和 HH,表明本市与相邻市碳吸收、碳排放和碳收支的关系。例如,LH 类型表示一个市域的碳吸收、碳排放和碳收支低于长三角地区平均值,相邻市域的碳吸收、碳排放和碳收支高于长三角地区平均值。LL 和 HH 类型表示正的空间自相关性，而 LH 和 HL 表示负的空间自相关性。

3. LISA 时间路径

空间关联局部指标（Local Indicator of Spatial Association，LISA）时间路径是 Moran 散点图在时间上的连续表达[166]，能够表示 LISA 随时间在 Moran 散点图中坐标的移动情况。LISA 在 Moran 散点图中的坐标可表示为 $[(y_{i,1}, yL_{i,1}), (y_{i,2}, yL_{i,2}), \cdots, (y_{i,t}, yL_{i,t})]$，$y_{i,t}$ 为 i 市第 t 年的碳吸收、碳排放和碳收支的 Z-score 标准化值，$yL_{i,t}$ 为 i 市第 t 年碳吸收、碳排放和碳收支空间滞后项的 Z-score 标准化值。通过计算长三角地区碳吸收、碳排放和碳收支的属性值及其空间滞后项随时间的变化情况，揭示长三角地区各市碳吸收、碳排放和碳收支的时空动态演化规律。LISA 时间路径的指标主要包括长度、弯曲度和移动方向等[167]。

LISA 时间路径长度为

$$\Gamma_i = \frac{N \times \sum_{t=1}^{T-1} d(L_{i,t}, L_{i,t+1})}{\sum_{i=1}^{N} \sum_{t=1}^{T-1} d(L_{i,t}, L_{i,t+1})} \tag{4-6}$$

式中，Γ_i 表示 LISA 时间路径的长度，N 表示长三角地区市域总数，T 表示研究总年数，$L_{i,t}$ 表示市域 i 第 t 年位于 Moran 散点图中的坐标 $(y_{i,t}, yL_{i,t})$，$d(L_{i,t}, L_{i,t+1})$ 表示市域 i 由第 t 年到第 $t+1$ 年在 Moran 散点图中移动的距离。当 Γ_i 大于 1 时，市域 i 移动距离大于研究单元的平均移动距离。LISA 时间路径长度值越大,表明该市域具有更加动态的局部空间结构。

LISA 时间路径弯曲度为

$$\Delta_i = \frac{\sum_{t=1}^{T-1} d(L_{i,t}, L_{i,t+1})}{d(L_{i,1}, L_{i,T})} \qquad (4-7)$$

式中,Δ_i 表示市域 i 的 LISA 时间路径弯曲度,该值越大,表明市域 i 移动路径越弯曲,具有更强的局部空间依赖性和波动的增长过程。

4. 地理加权自回归模型

地理加权自回归模型是考虑因变量存在空间滞后现象的地理加权回归模型,具体模型如下[168]:

$$y_i = \rho\Big(\sum_j w_{ij} y_j\Big) + \beta_1(v_i) x_{i1} + \beta_2(v_i) x_{i2} + \cdots +$$
$$\beta_p(v_i) x_{ip} + \varepsilon_i, i = 1, 2, \cdots, n \qquad (4-8)$$

式中,y_i 表示第 i 研究单元的碳排放,ρ 表示空间自回归系数,w_{ij} 表示空间权重矩阵(选择 Q 型邻接矩阵,并进行行标准化),x_{ip} 表示第 i 研究单元的第 p 影响因素,v 点处的未知参数 $\beta_j(v)$,$j = 1, 2, \cdots, p$,ε_i 是随机误差项。

第二节 碳排放清单及核算方法

碳排放核算是进行碳收支研究的基础,结合 IPCC 温室气体清单核算方法及相关研究构建市域层面碳排放清单及核算方法[4, 147]，依据长三角地区的实际发展现状，确定碳排放清单，主要包括陆地生态系统碳吸收、能源消费碳排放和工业生产过程碳排放。其中，陆地生态系统碳吸收主要包括耕地、林地、草地、水域、海涂、建设用地等。

一、陆地生态系统碳吸收核算

本研究陆地生态系统的碳吸收主要包括植被碳汇、土壤碳汇和水域碳汇。

碳吸收计算公式如下：

$$C = CS_i \times A_i \times (44/12) \qquad (4-9)$$

式中，C 为碳吸收量，CS_i 为 i 的碳汇能力，A_i 为 i 的面积。

1. 植被碳汇

绿色植物的主要作用是吸收 CO_2，合成有机物质，并释放 O_2。同时，植物的呼吸作用也会分解掉一部分有机物质。扣除呼吸作用的分解，即可得到植物的净初级生产力（NPP，net primary productivity），其主要影响因素是植被归一化指数（NDVI，Normalized Difference Vegetation Index）。在长三角地区 NPP 和 NDVI 变化并不明显，因此，本研究中碳汇系数采用固定经验值。

（1）林地。国内学者对不同植被类型的碳汇能力做了大量研究，赖力[163]归纳总结了已有相关研究，计算出了国内生态系统的碳汇能力，长三角地区的气候属于亚热带季风气候和温带季风气候，主要森林植被及其碳汇能力见表 4-1，根据每种植被的面积和碳汇能力，利用加权平均法，计算得长三角地区的林地

碳汇能力为 $42.5\ t \cdot km^{-2} \cdot a^{-1}$。

表 4-1　长三角地区主要森林植被类型及碳汇能力

三级编码	植被类型	碳汇能力 ($t \cdot km^{-2} \cdot a^{-1}$)
1104	温带常绿针叶林	22.9
1105	亚热带、热带常绿针叶林	42.2
1208	温带、亚热带落叶阔叶林	40.7
1211	亚热带石灰岩落叶阔叶树—常绿阔叶树混交林	72.9
1212	亚热带山地酸性黄壤常绿阔叶树—落叶阔叶树混交林	72.9
1213	亚热带常绿阔叶林	72.9
1216	亚热带竹林	88.3
1319	温带、亚热带落叶灌丛、矮林	17.4
1320	亚热带、热带酸性土常绿、落叶阔叶灌丛、矮林和草甸结合	41.8
1321	亚热带、热带石灰岩具有多种藤本的常绿、落叶灌丛、矮林	19.5
1327	温带、亚热带高山垫状矮半灌木、草本植被	6.3

（2）耕地。农作物在生长期能够吸收 CO_2，属于碳汇，在长三角地区农作物收获后，主要用于秸秆还田、焚烧及制作饲料，焚烧后碳释放到空气中，制作饲料部分的碳排放也可通过动物反刍释放到了空气中，秸秆还田的碳被计算在土壤有机碳中，因此，将耕地的植被碳汇确定为 0。

（3）草地。长三角地区草地植被类型主要为温带草甸植被，借鉴赖力[163]的研究结果，草地碳汇能力确定为 $7.7\ t \cdot km^{-2} \cdot a^{-1}$。

（4）建设用地。按照中科院的土地利用分类，建设用地包括城镇用地、农村居民点和其他建设用地。建设用地的植被主要分布在城镇用地和农村居民点[147],而研究区中的其他建设用地的植被覆盖较少,因此不予考虑。城镇用地和农村居民点的植被主要是林地和草地,碳汇能力取林地和草地的均值,再按照绿化率进行折算,得到建设用地的碳汇能力为 9.5 t·km^{-2}·a^{-1}。

2. 土壤碳汇

由于缺少长三角地区土壤采样数据,借鉴揣小伟[4]研究结果,确定长三角地区不同土地利用类型的土壤碳汇系数,见表 4-2。

表 4-2　长三角地区不同土地利用类型的土壤碳汇系数(t·km^{-2}·a^{-1})

土地类型	耕地	林地	草地	水域	海涂	城镇用地	农村居民点	其他建设用地
碳汇系数	14.5	29	−10	56.7	23.6	72	23	25

3. 水域碳汇

长三角地区河湖众多,水网密集。河湖水面具有一定的固碳能力,依据段晓男等[169]对东部地区的研究结果,确定水域碳汇能力为 56.7 t·km^{-2}·a^{-1},海涂碳汇能力为 23.6 t·km^{-2}·a^{-1}。

二、能源消费碳排放核算

本研究中使用的 DMSP/OLS 夜间灯光数据是第四版 1992—2013 年 DMSP/OLS 夜间灯光数据中的稳定灯光影像,空间分辨率为 30 秒,长三角地区的空间分辨率约为 0.8 km,数据获取时间是当地时间 20:30—21:30[170]。DMSP/OLS 夜间灯光数据已被广泛应用到能源消费[171, 172]、电力消费[173-176]、城市空间重建[177]、城镇空间扩张[178-180]、人口分布[172, 181, 182]和经济发展[183]等领域，能够较好地反映人类活动强度，而能源消费碳排放与人类活动存在密切关系，因此，DMSP/OLS 夜间灯光数据可用于能源消费碳排放的估计，该结论已得到国内外学者的认同[170,184-190]。长三角地区人口密集，人类活动较为强烈，利用夜间灯光数据能够较好地模拟能源消费碳排放量[187]。

长三角地区缺少统一口径市域尺度能源消费统计数据，且部分市能源消费统计数据缺失，而当能源消费数据有限时，采用降尺度的方法，使用夜间灯光数据能够有效地估计市域层面的能源消费碳排放[184,187,188,191,192]，因此本研究使用 DMSP/OLS 夜间灯光数据和省市能源消费碳排放数据构建碳排放反演模型，模拟市域的能源消费碳排放。由于长三角地区社会经济发展较快，不利于选择夜间灯光数据的参考区，为了较为合理地处理夜间灯光数据，借鉴 Liu 等[178]的方法，首先对全国的夜间灯光影像进行处理，其次，提取长三角地区的夜间灯光影像，最后，利用长三角地区各省市的能源消费碳排放统计数据和夜间灯光影像数据构建碳排放反演模型。

1. 数据处理

（1）数据预处理。将 1992—2013 年非辐射定标稳定灯光影像的投影转换成兰伯特等角圆锥投影，裁剪出中国的夜间灯光影像数据，最后对其进行数据重采样，将其空间分辨率转换为 1 km。利用 ArcGIS 10.4 筛选出稳定的中国夜间灯光影像，具体判断准则：同一年份的不同传感器影像间，若一幅影像的 DN 值为 0，而另一幅不为 0，则将不为 0 的影像也设置为 0；不同年份的影像间，在前一年影像中的 DN 值不为 0，而后一年影像中的 DN 值为 0,则将前一年的 DN 值也设为 0。

(2)参考影像校正。借鉴 Elvidge 等[193]对夜间灯光影像数据的 DN 值校正方法,选择黑龙江鸡西市为参考区,以 2007 年 F16 卫星的影像数据为参考数据,将其他年份预处理后的影像数据与参考数据分别构造二次回归模型(式 4 - 10),得到相关年份 DN 值校正参数(表 4 - 3)。R^2 值均大于 0.84,模型的拟合效果较好。因此,本研究利用该参数校正 1992—2013 年中国稳定夜间灯光影像的 DN 值。

$$DN_C = a + b \times DN + c \times DN^2 \qquad (4-10)$$

式中,DN_C 和 DN 分别表示校正后和校正前影像的 DN 值,a、b 和 c 表示回归参数。

表 4 - 3　DN 值校正参数

卫星序号	年份	a	b	c	R^2
F10	1992	0.697 254	0.885 268	0.002 647	0.840 041
F10	1993	0.559 868	0.973 614	0.003 76	0.858 737
F10	1994	0.448 201	0.841 096	0.006 576	0.915 969
F12	1994	0.499 031	0.907 946	0.005 213	0.922 737
F12	1995	0.576 314	0.693 525	0.007 326	0.899 818
F12	1996	0.603 791	0.667 159	0.007 974	0.884 084
F12	1997	0.633 54	0.597 489	0.007 384	0.883 396
F12	1998	0.652 487	0.500 125	0.008 538	0.892 576
F12	1999	0.605 405	0.633 47	0.007 157	0.929 346
F14	1997	0.491 771	1.050 532	0.000 714	0.876 055
F14	1998	0.466 341	0.867 073	0.005 071	0.904 753
F14	1999	0.506 298	1.059 544	0.000 783	0.936 354

卫星序号	年份	a	b	c	R^2
F14	2000	0.498 005	0.798 579	0.004 545	0.942 432
F14	2001	0.403 922	0.955 039	0.001 747	0.961 401
F14	2002	0.364 01	1.179 613	−0.003 28	0.927 419
F14	2003	0.151 57	1.412 662	−0.006 76	0.967 406
F15	2000	0.639 471	0.643 004	0.006 098	0.916 087
F15	2001	0.363 829	0.871 19	0.004 148	0.939 142
F15	2002	0.289 17	0.863 917	0.002 378	0.967 379
F15	2003	0.177 869	1.599 143	−0.009 39	0.939 246
F15	2004	0.216 066	1.446 423	−0.006 61	0.971 547
F15	2005	0.284 941	1.268 579	−0.003 38	0.947 703
F15	2006	0.307 619	1.360 276	−0.005 52	0.971 814
F15	2007	−0.014 87	1.343 171	−0.005 3	0.984 422
F16	2004	0.232 456	1.061 441	−0.000 37	0.947 464
F16	2005	0.127 053	1.193 27	−0.001 59	0.970 695
F16	2006	0.164 886	1.269 869	−0.004 38	0.976 709
F16	2007	0	1	0	1
F16	2008	0.010 728	0.986 191	0.000 296	0.987 465
F16	2009	0.171 943	0.616 682	0.004 454	0.957 404
F18	2010	0.139 363	0.468 388	0.006 293	0.921 694
F18	2011	0.207 013	0.704 941	0.002 689	0.939 231
F18	2012	0.296 805	0.559 742	0.003 523	0.927 768
F18	2013	−0.035 56	0.477 563	0.004 676	0.913 521

（3）年内融合。有些年份 DMSP/OLS 夜间灯光数据获取自不同卫星，为了充分利用 DMSP/OLS 夜间灯光数据，使用两幅稳定夜间灯光影像 DN 值的平均值代替该年份夜间灯光影像的 DN 值。

$$DN_{(n,i)C} = (DN_{(n,i)}^a + DN_{(n,i)}^b)/2$$

$$n = 1\ 994, 1\ 997, 1\ 998, \cdots, 2\ 007 \qquad (4-11)$$

式中，$DN_{(n,i)C}$ 表示年内融合后第 n 年 i 像元的 DN 值；$DN_{(n,i)}^a$ 和 $DN_{(n,i)}^b$ 表示卫星 a 和卫星 b 年内融合前的第 n 年 i 像元的 DN 值。

（4）年际校正。根据稳定夜间灯光影像的特点，夜间灯光影像前一年的 DN 值应小于等于后一年的 DN 值。参照公式(4-12)，对经过参考影像校正和年内融合后的影像进行年际校正。

$$DN_{(n,i)} = DN_{(n-1,i)} \quad \text{当 } DN_{(n-1,i)} > DN_{(n,i)}$$

$$DN_{(n,i)} = DN_{(n,i)} \qquad \text{其他}$$

$$n = 1\ 993, 1\ 994, \cdots, 2\ 013 \qquad (4-12)$$

式中，$DN_{(n,i)}$ 和 $DN_{(n-1,i)}$ 分别表示第 n 年和第 $(n-1)$ 年第 i 像元的 DN 值。

2. 基于处理后的 DMSP/OLS 夜间灯光影像数据提取建设用地

利用 ArcGIS 的邻域统计工具，借鉴地形起伏度分析方法，提取建设用地范围[185]。具体处理过程如下：首先，对处理后的 DMSP/OLS 夜间灯光影像做 3×3 栅格单元最大值邻域分析（NS_MAX3）和 3×3 栅格单元最小值邻域分析（NS_MIN3），利用栅格计算器求栅格文件 NS_MAX3 与 NS_MIN3 的差，得到起伏度栅格文件（NS_QFD）；提取栅格文件 NS_QFD 中 DN 值大于 8 的区域，即得到分界带外的建设用地（NS_QFD8）。其次，对处理后的 DMSP/OLS 夜间灯光影像做 5×5 栅格单元最小值邻域分析（NS_MIN5），将其与栅格文件 NS_MIN3 相减，即得到分界带（NS_BJ），提取 DN 值小于 −7 的区域，即得到分界带内的建设用地（NS_BJ - 7）。最后，将分界带外的建设用地（NS_QFD8）与分界带内的建设用地（NS_BJ - 7）叠加即得到全部建设用地[191]。

3. 能源消费碳排放空间模拟

本研究采用 IPCC 参考方法，计算 1995—2013 年长三角地区各省市的化石燃料消费所排放的 CO_2 量。其计算公式如下[194]：

$$E_C = \sum (A_i \times e_i \times c_i \times 10^{-3} - S_i) \times o_i \times \frac{44}{12}$$

$$(4 - 13)$$

式中，E_C 表示长三角地区各市某年能源消费所产生的 CO_2 量；A_i 表示化石燃料 i 某年的消费量；e_i（热值，单位 $TJ/10^3 t$）表示化石燃料 i 的热量转换系数，即把燃料原始单位转换为通用热量单位的转换系数；c_i 表示燃料 i 的平均含碳量，即碳排放因子；S_i 表示作为非燃料使用的化石燃料 i 的固碳量；o_i 表示燃料 i 的碳氧化系数。

现有研究表明[171, 184-186, 188]，能源消费碳排放与 DMSP/OLS 夜间灯光 DN 值总量之间具有较强的线性相关关系。为了提高降尺度模型反演的精度，本研究采用不含截距的线性模型[171]，表达式如下[184]：

$$NC_{it} = aD_{it} \qquad (4 - 14)$$

式中，NC_{it} 为 i 省市第 t 年的能源消费 CO_2 排放统计量，D_{it} 为 i 省市第 t 年的夜间灯光影像 DN 值之和，a 为回归系数。

由于受到回归模型的影响，每年各省市的碳排放估计值与实际统计值可能存在一定的误差，为了使每年各省市内的碳排

放估计值与实际值保持一致,构建每年各省市的碳排放修正系数[184, 186]。表达式如下:

$$MC_{it} = aD_{it} \qquad (4-15)$$

$$NC_{it} = b_{it}MC_{it} \qquad (4-16)$$

式中,MC_{it}为i省市第t年的能源消费CO_2排放估计值,b_{it}为i省市第t年的碳排放修正系数。

利用建设用地边界提取 DMSP/OLS 夜间灯光影像,并统计建设用地边界范围内的 DN 值之和,将其与对应区域的能源碳排放统计值进行拟合分析,结果表明(图4-1和公式4-17),能源消费CO_2统计量与夜间灯光总灰度值的线性相关性较强,通过了1%水平的显著性检验,R^2为0.821 2。对比CO_2模拟值与统计值可知,平均相对误差为5.964 9%,说明基于夜间灯光数据模拟能源消费碳排放的精度较高,可用于长三角地区能源消费CO_2的模拟。

$$MC = 0.032\ 3 \times D \qquad (4-17)$$

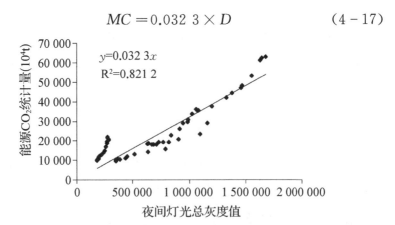

图4-1 能源消费CO_2统计量与夜间灯光总灰度值拟合关系

三、工业生产过程碳排放核算

工业生产过程比较复杂,生产工艺不同,则碳排放量不同。由于工业生产过程的数据难以获取,因此,利用工业产品产量,采用经验参数估计碳排放量。结合长三角地区主要工业产品类型,选择碳排放量较高的水泥、钢、合成氨、玻璃和铝计算工业生产过程碳排放[4]。碳排放计算公式如下:

$$CS_{industry} = \sum_{i=1}^{n} Q_i \times V_i \times \frac{44}{12} \qquad (4-18)$$

式中,$CS_{industry}$ 为工业生产过程的碳排放量,Q_i 为工业产品 i 的产量,V_i 为工业产品 i 的碳排放因子。各工业产品的碳排放系数见表 4-4[4, 195]。

表 4-4　长三角地区主要工业产品的碳排放系数(t/t)

工业产品	水泥	钢	合成氨	玻璃	铝
碳排放因子	0.037	0.289	0.893	0.057	0.463

1995—2013 年,长三角地区的行政区划发生了调整,为了能够使前后的结果具有较好的可比性,本研究中以 2013 年的行政区划范围为参照研究区,将与之不同年份的市域研究单元进行调整,按照工业产值所占比重折算工业生产过程碳排放。对于缺失数据,以全省数据为基础,按照对应的产业部门产值在全省中所占比例折算工业生产过程碳排放。

第三节　碳吸收的时空格局研究

一、碳吸收时间特征

1. 碳吸收总体呈增加趋势,但增长速度较慢

由图 4-2 可知,1995—2013 年长三角地区碳吸收总量呈增加趋势,但增长速度较慢。从 1995 年的 2 940.966 万吨,增加到 2013 年的 3 163.988万吨,增加了 223.022 万吨,增长率为 7.6%。其中,浙江省的碳吸收量最大,约占长三角地区碳吸收的 67%,主要是由于浙江省林地面积占全省面积的 64%以上,林地面积较大。上海的碳吸收增长速度最快,1995—2013 年增长了 23.5%。由于近年来上海市政府加大了城市绿化建设,城市绿化面积增加,碳吸收量增长较快。

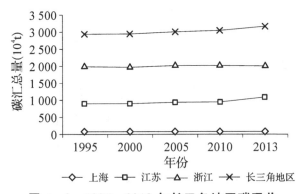

图 4-2　1995—2013 年长三角地区碳吸收

2. 碳吸收绝对差异呈先增大后减小的趋势,相对差异呈减小趋势

由表 4-5 可知,碳吸收的标准差从 1995 年的 98.596 增加到 2005 年的 98.995,而后呈下降趋势,2013 年下降到 94.223,与 1995 年相比,下降了 4.435%,下降幅度不大,表明 1995—2013 年碳吸收的绝对差异呈先增大后减小的趋势,总体变化不大。以变异系数测度的相对差异呈减小趋势。从 1995 年的 0.838,下降到 2013 年的 0.744,下降了 11.217%。偏度系数值均大于 0,表明长三角地区的碳吸收呈右偏态,碳吸收量在长三角地区平均水平之下的占多数。

表 4-5　1995—2013 年长三角地区碳吸收时间特征

年份	标准差	变异系数	偏度系数	Moran's I	P
1995	98.596	0.838	1.770	0.486	0.001
2000	98.835	0.837	1.785	0.476	0.002
2005	98.995	0.822	1.757	0.474	0.002
2010	98.359	0.810	1.758	0.466	0.004
2013	94.223	0.744	1.710	0.429	0.006

3. 碳吸收空间集聚性减弱

利用 GeoDa 1.4.1 计算 1995—2013 年碳吸收的全局空间自相关系数 Moran's I(表 4-5),由表 4-5 可知,1995—2013 年 Moran's I 均为正且通过了 1% 水平的显著性检验,表明长三角地区的碳吸收存在显著的正的空间自相关性。Moran's I 呈减小趋势,说明 1995—2013 年长三角地区碳吸收的空间自相关性

减弱,即各市碳吸收高值与低值相邻或低值与高值相邻的数量增加,碳吸收的空间集聚性减弱。

4. 碳吸收区域差异不断缩小

将长三角地区分为上海、江苏和浙江三组,利用 Matlab 2014a 计算其泰尔指数及贡献率(表 4-6),由表 4-6 可知,1995—2013 年泰尔指数呈下降趋势,表明 1995—2013 年长三角地区碳吸收的区域差异不断缩小。1995—2013 年组内差距均大于组间差距,表明长三角地区碳吸收的区域差异主要来自组内差异,1995—2013 年浙江贡献率均明显大于江苏,1995 年浙江的贡献率最小,为 54.3%,2013 年浙江的贡献率最大,为 57.6%,表明浙江内部碳吸收的差异是引起碳吸收组内差异的重要因素,也是长三角地区碳吸收差异的主要来源。

表 4-6　1995—2013 年碳吸收的泰尔指数及贡献率

年份	泰尔指数	组间差距	组内差距	组间贡献率	江苏贡献率	浙江贡献率
1995	0.280	0.113	0.167	0.403	0.054	0.543
2000	0.278	0.110	0.169	0.394	0.057	0.549
2005	0.270	0.107	0.162	0.398	0.058	0.544
2010	0.262	0.102	0.160	0.389	0.059	0.552
2013	0.226	0.078	0.147	0.347	0.077	0.576

二、碳吸收空间特征

1. 碳吸收空间类型分布

将 1995—2013 年长三角地区各市碳吸收量数据与 GIS 图像矢量数据链接,在 ArcGIS 10.4 中采用自然断点法将其分为 4

级,得到图 4-3。由图 4-3 可知,1995 年,舟山的碳吸收量最
小,为 15.372 万吨,丽水的最大,为 416.787 万吨,最大值是最小
值的 27.113 倍,碳吸收量的区域差异较大。碳吸收量较低值主
要分布在舟山、嘉兴、镇江、泰州、常州、南通、无锡、扬州、上海和
连云港,碳吸收量较高地区主要分布在杭州和丽水。

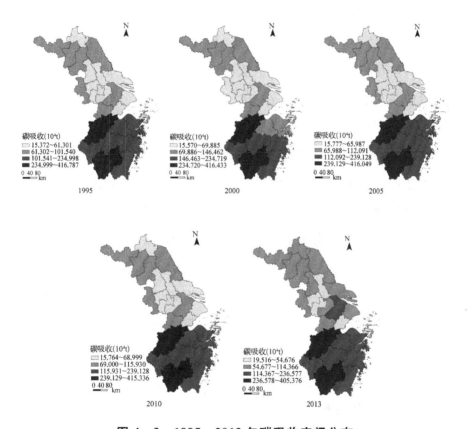

图 4-3　1995—2013 年碳吸收空间分布

　　2000 年,舟山的碳吸收量仍最小,为 15.570 万吨,丽水的仍
最大,为 416.433 万吨,最大值是最小值的 26.745 倍。与 1995
年相比,碳吸收较低值区增加了南京,较高值区相同。2005 年,

舟山的碳吸收量仍最小,为 15.777 万吨,丽水的仍最大,为 416.049 万吨,最大值是最小值的 26.370 倍。碳吸收较低值区和较高值区与 1995 年相同,表明 1995—2005 年,碳吸收空间格局较为稳定。2010 年,舟山的碳吸收量仍最小,为 15.764 万吨,丽水的仍最大,为 415.336 万吨,最大值是最小值的 26.347 倍。碳吸收较低值区和较高值区与 2005 年一致。2013 年,舟山的碳吸收量仍最小,为 19.516 万吨,丽水的碳吸收量仍最大,为 405.376 万吨,最大值是最小值的 20.771 倍。与 2010 年相比,碳吸收量较低值区明显缩小,少了连云港、扬州、南通、无锡和上海,较高值区相同。碳吸收量的区域差异有所减小,碳吸收量较低值区的数量减少,较高值区的数量不变,江苏碳吸收量较小、浙江碳吸收量较大的总体格局较为稳定。2010 年,由于《全国主体功能区规划》的实施,通过控制新增建设用地规模和开发强度,扩大了农业用地和生态用地面积,2013 年,作为优化开发区的上海、苏南和环杭州湾地区,碳吸收能力明显比 2010 年增强。对比 1995 年、2000 年、2005 年、2010 年和 2013 年可知,碳吸收量的最小值增大,最大值减小,碳吸收量的区域差异减小。碳吸收总体空间格局较为稳定,较大值区主要分布在浙江省,较小值区主要分布在苏中地区和苏南地区。

2. 碳吸收趋势分析

为了深入分析长三角地区碳吸收的总体空间特征,对各市碳吸收量进行趋势分析得到图 4-4,图中每根与 Z 轴平行竖线的高度表示该市碳吸收的大小,竖线与 XY 平面的交点表示该市所在的地理位置,黑点表示竖线在东西向和南北向

上的投影,黑点在东西向和南北向平面上拟合得到图中的
曲线。

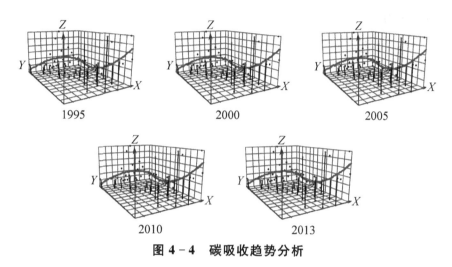

图 4 - 4　碳吸收趋势分析

由图 4 - 4 可知,1995 年长三角地区的碳吸收拟合曲线,在
东西向上,呈倒 U 形,中部地区较高,东部高于西部。在南北向
上,自北向南呈增加趋势,表明 1995 年长三角地区的碳吸收量,
中部高于西部和东部,且东部高于西部,南部明显高于北部。与
1995 年相比,2000 年、2005 年、2010 年和 2013 年的趋势分析图
基本未发生变化,表明长三角地区碳吸收的总体趋势变化不明
显,碳吸收空间格局较为稳定。

3. 碳吸收标准差椭圆分析

为了更好地分析碳吸收的空间格局特征,对碳吸收作标准
差椭圆分析。由图 4 - 5 和表 4 - 7 可知,每个标准差椭圆所覆
盖的区域约占长三角地区碳吸收量的 68%,标准差椭圆总体
位于长三角地区的西部偏南。主要是由于浙江省的林地面积

较大,碳吸收量较高。2013 年碳吸收空间格局变化相对较大,
其余各年变化较小,碳吸收空间格局较为稳定。碳吸收标准差
椭圆的中心主要分布在 119.851°E～119.863°E、30.290°N～
30.429°N 之间的南北向条带上,表明碳吸收空间格局演化以
南北向为主。

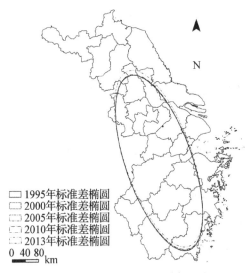

图 4-5　碳吸收标准差椭圆分析

　　由图 4-6 可知,碳吸收标准差椭圆的中心分布在杭州,
1995—2000 年,中心向西北移动了 1.300 km,平均每年移动
0.260 km;2000—2005 年,中心向东北移动了 1.167 km,平均每年
移动 0.233 km;2005—2010 年,中心向西北移动了 2.045 km,平均
每年移动 0.409 km;2010—2013 年,中心向西北移动了
11.457 km,平均每年移动 3.819 km。综上所述,碳吸收标准差
椭圆的中心有向西北移动的趋势,2010—2013 年中心移动幅度
相对较大。

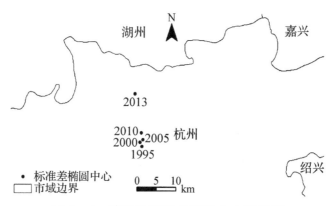

图 4-6 碳吸收标准差椭圆中心移动图

由表 4-7 可知,沿 X 轴的标准差总体呈增加趋势,从 1995 年的 114.381 km 增加到 2013 年的 115.347 km,仅增加了 0.966 km,增幅为 0.845%,表明碳吸收在沿 X 轴方向上呈分散趋势,但分散幅度较小。沿 Y 轴的标准差总体也呈增加趋势,从 1995 年的 309.327 km 增加到 2013 年的 311.877 km,仅增加了 2.55 km,增幅仅为 0.824%,表明碳吸收在沿 Y 轴方向也呈分散趋势,但分散幅度较小。由沿 X 轴标准差和沿 Y 轴标准差可知,长三角地区碳吸收呈南北向展布为主,东西向展布为辅的特点。从转角的变化可知,转角呈先增加后减小的趋势。从 1995 年的 160.754°增加到 2005 年的 160.783°,达到最大,增加了 0.029°,2013 年减小到最小,为 160.630°,与 2005 相比减少了 0.153°。经以上分析可知,长三角地区碳吸收的空间分布呈西北—东南格局,但总体变化较小。

表 4 - 7　碳吸收的标准差椭圆参数

年份	中心坐标			中心移动		沿 X 轴的标准差(km)	沿 Y 轴的标准差(km)	转角 θ(°)
	经度(°)	纬度(°)	方向	距离(km)	速度(km/a)			
1995	119.855	30.290				114.381	309.327	160.754
2000	119.851	30.301	西北	1.300	0.260	114.274	309.679	160.775
2005	119.862	30.306	东北	1.167	0.233	114.657	308.128	160.783
2010	119.861	30.324	西北	2.045	0.409	114.700	308.572	160.758
2013	119.863	30.429	西北	11.457	3.819	115.347	311.877	160.630

4. 碳吸收空间关联类型分析

为揭示长三角地区碳吸收量的空间关联性,利用 GeoDa 1.4.1 测算各市碳吸收量的 Local Moran's I_i,在 ArcGIS 10.4 中进行可视化表达,得到碳吸收空间关联类型图(图 4 - 7)。由图 4 - 7 可知,1995 年长三角地区可分为 4 种类型:(1)本市与相邻市均比平均碳吸收量高,即 HH 类型的市有 7 个,占市域总数的 28%,包括绍兴、杭州、衢州、台州、金华、丽水和温州。(2)本市与相邻市均比平均碳吸收量低,即 LL 类型的市有 14 个,占市域总数的 56%,包括连云港、徐州、淮安、宿迁、盐城、扬州、镇江、泰州、南京、常州、无锡、苏州、南通和上海。通常情况下,HH 类型和 LL 类型的市数量越多,空间集聚性越强。HH 类型和 LL 类型的市数量为 21,占市域总数的 84%,且在空间上呈集聚分布,说明碳吸收量的局域空间自相关性较强。(3)本市的碳吸收量比平均值低,但其相邻市比平均值高,即 LH 类型的市数量为 3,占市域总数的 12%,包括嘉兴、湖州和舟山。

（4）本市的碳吸收量比平均值高，但其相邻市比平均值低，即 HL 类型的市仅有宁波，占市域总数的 4%。2000 年、2005 年和 2010 年碳吸收量的空间关联类型与 1995 年相同，2013 年仅苏州市由 LL 类型转换成 HL 类型，其他市未发生改变，各市及其相邻市碳吸收量相对于平均值的大小关系较为稳定，空间关联类型变化不大。

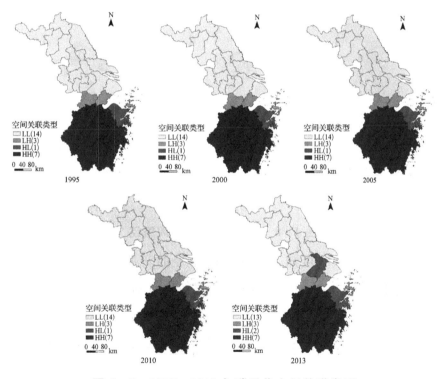

图 4-7 1995—2013 年碳吸收空间关联类型

5. 碳吸收时空动态分析

为研究长三角地区碳吸收量的局部空间结构与时空依赖关系，测算 1995—2013 年 LISA 时间路径的长度和弯曲度。由图 4-8(a)可知，LISA 时间路径的长度较高值分布在长三角地区的东部,主要包括南通、杭州、上海、湖州、嘉兴、盐城、宁波、舟山和苏州,表明以上区域具有更加动态的局部空间结构。苏州的LISA 时间路径长度值最大,为 2.729,说明苏州局部空间结构的动态性最强,碳吸收量变化最大。常州的 LISA 时间路径长度值最小,为 0.356,表明常州局部空间结构最稳定,碳吸收量变化最小。

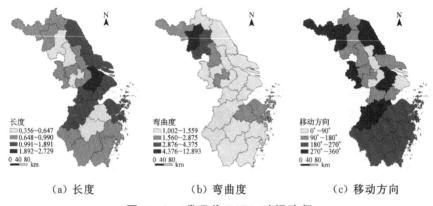

| (a) 长度 | (b) 弯曲度 | (c) 移动方向 |

图 4 - 8　碳吸收 LISA 时间路径

由图 4 - 8(b)可知,LISA 时间路径的弯曲度较高值分布在长三角地区的北部,主要包括宿迁和淮安。宿迁的弯曲度最大,为 12.893,说明宿迁在空间依赖方向上具有最强的波动性,在碳吸收量变化过程中,宿迁及其相邻市域的波动性较强。苏州的弯曲度最小,为 1.002,说明苏州在空间依赖方向上的稳定性最强。

根据 1995 年和 2013 年长三角地区各市在 Moran 散点图中的坐标,分析各市的移动方向。根据移动方向将其分为 4 类:0°~90°方向表示本市域及其相邻市域的碳吸收量均保持高增长

（相对于平均碳吸收量，下同），呈正向协同增长；90°～180°方向表示本市域保持低增长，相邻市域保持高增长；180°～270°方向表示本市域及其相邻市域均保持低增长，呈负向协同增长[196]；270°～360°方向表示本市域保持高增长，相邻市域保持低增长。0°～90°与180°～270°两方向表明本市域与相邻市域呈整合的空间动态性特征[167]。由图 4-8（c）可知，本市域及其相邻市域协同增长的市数为 11，占市域总数的 44％，说明长三角地区碳吸收量空间格局演化的整合性较弱。其中，正向协同增长的市数为 3，包括泰州、无锡和上海。负向协同增长的市数为 8，包括衢州、丽水、金华、台州、温州、舟山、绍兴和宁波。

　　为进一步研究碳吸收 Local Moran's I_i 的时空演化特征，采用时空跃迁分析法探索长三角地区碳吸收的时空演化规律。Rey[197]提出了 LISA 时空跃迁，根据本市域与相邻市域类型变化情况，将其分为 4 类：类型Ⅰ、类型Ⅱ、类型Ⅲ和类型 0。类型Ⅰ表示仅本市域类型变化；类型Ⅱ表示仅相邻市域类型变化；类型Ⅲ表示本市域与相邻市域类型均变化；类型 0 表示本市域与相邻市域类型均不变。

　　由表 4-8 可知，转移概率矩阵对角线上的最小值为 0.982，表示 LL 类型保持不变的概率最小，为 98.2％，其他类型保持不变的概率均为 1。不同类型间转移的概率很小，其中最大的为 0.018，即 LL 类型转换为 HL 类型的概率为 1.8％，碳吸收局部空间结构较为稳定。类型 0 的概率最大，为 99％，表明 1995—2013 年碳吸收未发生类型改变的概率为 99％，说明碳吸收空间关联性很稳定。类型Ⅰ、类型Ⅱ和类型Ⅲ跃迁的概率分别为

1%、0%和0%。仅2010年到2013年,苏州由LL类型转换为HL类型,其他均未发生改变。从跃迁类型的概率可知,市域自身因素决定了碳吸收类型的改变。

表4-8 1995—2013年长三角地区碳吸收的转移概率矩阵

t\t+1	HH	LH	LL	HL
HH	1.000	0.000	0.000	0.000
LH	0.000	1.000	0.000	0.000
LL	0.000	0.000	0.982	0.018
HL	0.000	0.000	0.000	1.000

第四节 碳排放的时空格局研究

一、碳排放时间特征

1. 碳排放总体呈增加趋势,主要源于能源消费

由图4-9可知,碳排放总量呈增加趋势,由1995年的44101万吨,增加到2013年的156409万吨,增长了2.55倍,碳排放总量的增加主要来源于能源消费。工业生产过程的碳排放比例虽有所增加,但占碳排放总量比例仍相对较小,从1995年的15.1%,增加到2013年的23.8%。2005—2010年,工业生产过程的碳排放增长较快,从2005年的14445万吨,增加到2010年的30642万吨,增加了1.12倍。2000—2005年,能源消费碳排放增长较快,从2000年的42714万吨,增加到

2005 年的 77 169 万吨,增幅为 80.664％;碳排放总量增加也较快,从 2000 年的 51 026 万吨,增加到 2005 年的 91 613 万吨,增幅为 79.542％,可能是由于 2001 年中国正式加入世界贸易组织(World Trade Organization,WTO),经济全球化快速发展,而长三角地区属于外向型经济,吸引了大量外资,区域经济快速发展,而经济发展对能源高度依赖,所以碳排放快速增加[198]。

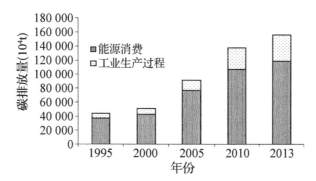

图 4－9　1995—2013 年长三角地区碳排放总量构成

由图 4－10 可知,上海、江苏和浙江的碳排放量均呈增加趋势,江苏的碳排放量明显高于浙江和上海。江苏碳排放量由 1995 年的 20 996 万吨,增加到 2013 年的 88 631 万吨,增加了 67 635 万吨,2000 年以后,江苏碳排放量占长三角地区的比例呈增加趋势,由 2000 年的 44.363％增加到 2013 年的 56.667％。2000—2005 年,浙江的碳排放量开始超过上海,2005 年后浙江与上海碳排放量的差距逐渐增大。

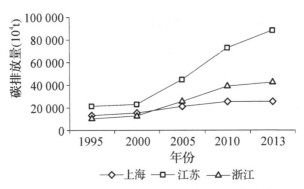

图 4 - 10 1995—2013 年长三角地区碳排放量

2. 碳排放绝对差异呈增大趋势，相对差异呈先增大后减小趋势

由表 4 - 9 可知，碳排放的标准差呈增加趋势，由 1995 年的 2 401.688，增加到 2013 年的 5 492.509，表明碳排放的绝对差异呈增大趋势。碳排放的变异系数呈先增加后减小趋势，2000 年变异系数值最大，为 1.403，2013 年变异系数值最小，为 0.878，表明碳排放的相对差异呈先增大后减小趋势。偏度系数值均大于 0，长三角地区的碳排放呈右偏态，表明碳排放量在长三角地区平均水平之下的占多数。

表 4 - 9 1995—2013 年长三角地区碳排放时间特征

年份	标准差	变异系数	偏度系数	Moran's I	P
1995	2 401.688	1.361	4.208	0.127	0.024
2000	2 864.149	1.403	4.364	0.069	0.041
2005	3 990.089	1.089	3.703	0.118	0.039

续　表

年份	标准差	变异系数	偏度系数	Moran's I	P
2010	5 189.557	0.940	2.810	0.146	0.036
2013	5 492.509	0.878	2.436	0.166	0.020

3. 碳排放空间集聚性呈先减弱后增强趋势

利用 GeoDa 1.4.1 计算 1995—2013 年碳排放的全局空间自相关系数 Moran's I，由表 4-9 可知，1995—2013 年碳排放的 Moran's I 均为正且通过了 5％水平的显著性检验，表明 1995—2013 年长三角地区的碳排放存在显著的正的空间自相关性。Moran's I 呈先减小后增加趋势，表明碳排放的空间集聚性先减弱后增强。

4. 碳排放区域差异不断减小

将长三角地区分为上海、江苏和浙江三组，利用 Matlab 2014a 计算其泰尔指数及贡献率，由表 4-10 可知，1995—2013 年泰尔指数呈明显下降趋势，表明 1995—2013 年长三角地区碳排放的区域差异不断缩小。组间差异呈减少趋势，组内差异总体呈增大趋势，到 2013 年，仍然是组间差异大于组内差异，但组间差异与组内差异的差距逐渐减小。由此可知，长三角地区碳排放区域差异的主要来源由组间差异向组内差异转变。区域差异主要来自组间差异，表明上海、江苏和浙江之间的差异是长三角地区碳排放差异的主要来源。在组内差异中，1995—2013 年江苏贡献率明显大于浙江，2013 年江苏的贡献率高达 33.4％，是浙江的 2.197 倍，表明江苏省内部碳排放的差异大于浙江省。

表 4 - 10 1995—2013 年碳排放的泰尔指数及贡献率

年份	泰尔指数	组间差距	组内差距	组间贡献率	江苏贡献率	浙江贡献率
1995	0.479	0.378	0.101	0.789	0.113	0.098
2000	0.485	0.391	0.094	0.805	0.100	0.094
2005	0.351	0.245	0.106	0.698	0.174	0.127
2010	0.300	0.167	0.134	0.555	0.291	0.154
2013	0.278	0.143	0.135	0.514	0.334	0.152

二、碳排放空间特征

1. 碳排放空间类型分布

将 1995—2013 年长三角地区各市碳排放量与 GIS 图像矢量数据链接,在 ArcGIS 10.4 中采用自然断点法将其分为 4 级,得到图 4 - 11。由图 4 - 11 可知,1995 年,舟山的碳排放最小,为 113.575 万吨,上海碳排放最大,为 12 678.058 万吨,最大值是最小值的 111.627 倍,长三角地区碳排放差异较大。碳排放较低值主要分布在舟山、丽水、衢州和宿迁,碳排放较高值主要分布在上海、苏州、无锡、南京、徐州、南通和杭州。其中,上海人口较多,经济基础较好,经济发展水平较高,能源消耗较多,碳排放较高;苏州、无锡和南通距离上海较近,受上海的辐射带动作用,经济发展水平相对较高,能源消耗量较大;南京第二产业比例较高,尤其是重工业产业比例较高,而第二产业的碳排放量相对较高;杭州虽然低碳发展取得了一定效果,但经济发展水平相对较高,碳排放总量相对较高[198]。2000 年,舟山的碳排放仍最小,为 156.528 万吨,上海碳排放仍最大,为 15 207.890 万吨,最大值是最小值的 97.158 倍,碳排放区域差异仍较大。与 1995 年相比,碳排放低值区相同,高值区稍微变化,多了宁波,少了徐州,长三角地区碳排放差异有减小趋势。

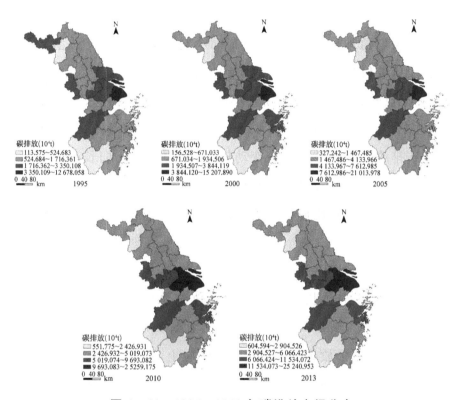

图 4 - 11　1995—2013 年碳排放空间分布

　　2005 年,舟山的碳排放仍最小,为 327.242 万吨,上海碳排放仍最大,为 21 013.978 万吨,最大值是最小值的 64.215 倍,长三角地区碳排放差异仍较大。与 2000 年相比,碳排放低值区相同,高值区少了宁波和南通,长三角地区碳排放相对差异呈减小趋势。2010 年,舟山碳排放仍最小,为 551.775 万吨,上海碳排放量仍最大,为 25 259.175 万吨,最大值是最小值的 45.778 倍。与 2005 年相比,碳排放低值区相同,高值区呈扩张趋势,多了常州和宁波。2013 年,舟山碳排放仍最小,为 604.594 万吨,上海碳排放量仍最大,为 25 240.953 万吨,最大值是最小值的 41.749 倍。与 2010 年相比,碳排放低值区和高值区相同。与 1995 年相比,长三角地区碳排放差异有缩小趋势,碳排放较低值区相同,碳排放较高值向沪宁苏锡常地区和杭甬地区集中,上海和江苏碳排放较大、浙江碳排放较小的总体空间格局并未发生本质性改变。对比 1995 年、2000 年、2005 年、2010 年和 2013 年可知,碳排放低值区空间分布变动较小,高值区开始向长三角地区中部集中。主要是沪杭甬产业带的深度开发及苏南地区受上海的辐射带动作用,使得长三角地区中部经济快速发展,导致碳排放增加。

2. 碳排放趋势分析

为了深入分析长三角地区碳排放的总体空间特征,对各市碳排放进行趋势分析得到图 4-12。由图 4-12 可知,1995 年长三角地区的碳排放拟合曲线,在东西向上,西低东高,呈上升趋势。在南北向上,略呈倒 U 形,表明 1995 年长三角地区的碳排放,东部高于西部,中部高于北部和南部。与 1995 年相比,2000 年、2005 年、2010 年和 2013 年的趋势分析图,在东西向上,变化不大,南北向上,倒 U 形趋势增强,表明长三角地区碳排放在东西向上,变化不明显,在南北向上,中部地区碳排放增加明显。主要由于上海、苏南地区及浙东北地区经济快速发展,而经济发展对能源依赖性较强,所以碳排放量快速增加。

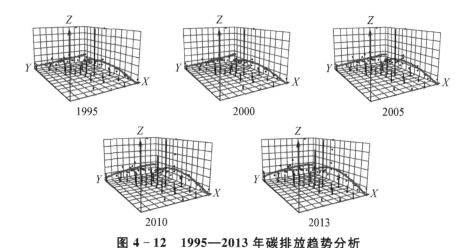

1995   2000   2005
2010   2013

图 4 - 12   1995—2013 年碳排放趋势分析

3. 碳排放标准差椭圆分析

为了更好地分析碳排放的空间格局特征,对碳排放作标准差椭圆分析。由图 4 - 13 和表 4 - 11 可知,每个标准差椭圆所覆盖的区域约占长三角地区碳排放的 68%,标准差椭圆总体位于长三角地区的中部,主要包括上海、苏中、苏南和浙东北地区,由于以上地区经济较为发达,且经济发展对能源的依赖性较强,消耗的能源较多,产生了较多的碳排放。碳排放总体空间格局稳定,2000 年碳排放空间格局变化比其他年份大。碳排放标准差椭圆的中心主要分布在 120.183°E～120.363°E、31.324°N～31.417°N 的东西向条带上,表明碳排放空间格局演化以东西向为主。

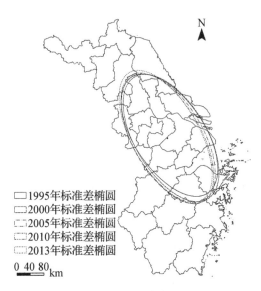

图 4 - 13　碳排放标准差椭圆分析

表 4 - 11　碳排放的标准差椭圆参数

年份	中心坐标			中心移动		沿 X 轴的标准差 (km)	沿 Y 轴的标准差 (km)	转角 θ (°)
	经度	纬度	方向	距离 (km)	速度 (km/a)			
1995	120.326	31.417				118.091	229.756	145.487
2000	120.363	31.329	东南	10.556	2.111	120.138	234.956	147.847
2005	120.263	31.324	西南	9.495	1.899	118.304	237.682	149.384
2010	120.228	31.342	西北	3.802	0.760	114.180	239.840	149.647
2013	120.183	31.411	西北	8.652	2.884	112.830	242.741	149.621

由图 4 - 14 和表 4 - 11 可知,碳排放标准差椭圆的中心分布在苏州和无锡,1995—2000 年,中心向东南移动了 10.556 km,平均每年移动 2.111 km;2000—2005 年,中心向西南移动了

9.495 km,平均每年移动 1.899 km;2005—2010 年,中心向西北移动了 3.802 km,平均每年移动 0.760 km;2010—2013 年,中心向西北移动了 8.652 km,平均每年移动 2.884 km。综上所述,2005 年之前,碳排放标准差椭圆的中心有向南移动的趋势,2005 年之后,碳排放标准差椭圆的中心有向西北移动的趋势。2010—2013 年年均移动距离最大。由于 2005 年之前,浙江碳排放增长相对较快,而 2005 年之后,江苏碳排放增长速度明显快于上海和浙江。

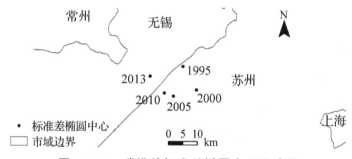

图 4 - 14　碳排放标准差椭圆中心移动图

由表 4 - 11 可知,沿 X 轴的标准差呈先增加后减小趋势,从 1995 年的 118.091 km 增加到 2000 年的 120.138 km,增加了 2.047 km,增长率为 1.733%,表明 1995—2000 年碳排放沿 X 轴方向呈分散趋势。2000 年以后,沿 X 轴的标准差呈减小趋势,到 2013 年减小到 112.830 km,减少了 7.308 km,表明 2000—2013 年碳排放沿 X 轴方向呈极化趋势。沿 Y 轴的标准差呈增加趋势,从 1995 年的 229.756 km 增加到 2013 年的 242.741 km,增加了 12.985 km,增幅为 5.652%,表明碳排放沿 Y 轴方向呈分散趋势。由沿 X 轴标准差和沿 Y 轴标准差可知,长三角地区碳排放呈南北向展布为主,东西向展布为辅的特点。从转角的变化可知,转角呈先增加后减小的趋势。从1995年的145.487°增加到2010年的149.647°,增加了4.16°,2013年减小到149.621°,相比2010年减少了0.026°。经以上分析可知,长三角地区碳排放的空间分布呈西北—东南格局,总体变化较小。

4. 碳排放空间关联类型分析

为揭示长三角地区碳排放的空间关联类型,利用GeoDa 1.4.1测算长三角地区各市碳排放的Local Moran's I_i,在ArcGIS 10.4中进行可视化表达,得到碳排放空间关联类型图(图4-15)。由图4-15可知,1995年长三角地区可分为4种类型:(1)本市与相邻市均比平均碳排放高,即HH类型的市有3个,占市域总数的12%,包括上海、南通和苏州。(2)本市与相邻市均比平均碳排放低,即LL类型的市有14个,占市域总数的56%,包括连云港、宿迁、淮安、盐城、扬州、镇江、衢州、丽水、金华、台州、温州、舟山、绍兴和宁波。通常情况下,HH类型和LL类型的市数量越多,空间集聚性越强。HH类型和LL类型的市数量为17,占市总数的68%,且在空间上呈集聚分布,说明碳排放的局域空间自相关性较强。(3)本市的碳排放比平均值低,但其相邻市比平均值高,即LH类型的市数量为4,占市域总数的16%,包括泰州、常州、湖州和嘉兴。(4)本市的碳排放比平均值高,其相邻市域比平均值低,即HL类型的市有4个,占市域总数的16%,包括无锡、南京、杭州和徐州。与1995年相比,2000年徐州由HL类型

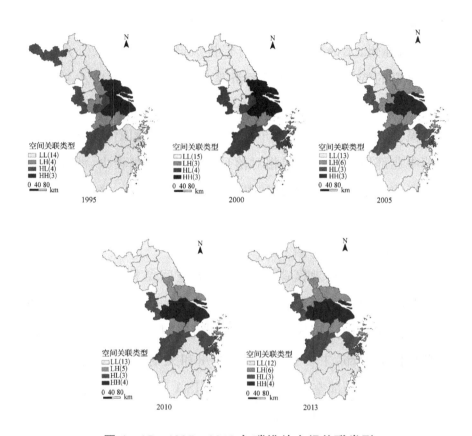

图 4 - 15　1995—2013 年碳排放空间关联类型

转换成 LL 类型,泰州和常州由 LH 类型转换成 LL 类型,宁波和舟山由 LL 类型分别转换成 HL 类型和 LH 类型。与 2000 年相比,2005 年常州和泰州由 LL 类型转换成 LH 类型,无锡由 HL 类型转换成 HH 类型,南通由 HH 类型转换成 HL 类型。与 2005 年相比,2010 年仅常州发生了类型转换,由 LH 类型转换成 HH 类型。与 2010 年相比,2013 年仅镇江发生了类型转换,由 LL 类型转换成 LH 类型。经以上分析可知,2000 年和 2005 年的空间关联类型变化相对较大,2010 年和 2013 年的空间关联类型变化不大,HH 类型由上海、苏州和南通,逐渐演变为上海、苏州、无锡和常州,说明碳排放高值区呈向长三角地区中部集聚的特征。以上地区经济基础较好,经济发展水平相对较高,而经济发展对能源资源有一定的依赖作用,进而导致碳排放较高。LL 类型仍主要分布在江苏的中北部和浙江的中南部。江苏中北部地区经济发展相对落后,碳排放相对较少,浙江中南部地区多山地,一定程度上限制了其经济发展,碳排放相对较少。

5. 碳排放时空动态分析

为研究长三角地区碳排放的局部空间结构与时空依赖关系,测算了 1995—2013 年碳排放 LISA 时间路径的长度和弯曲度。由图 4-16(a)可知,LISA 时间路径的长度较高值分布在长三角地区的中部,主要包括上海、苏州和无锡,说明以上地区具有更加动态的局部空间结构。苏州 LISA 时间路径的长度值最大,为 3.614,说明苏州局部空间结构的动态性最强,碳排放变化最大。宿迁 LISA 时间路径的长度值最小,为 0.437,表明宿迁局部空间结构最稳定,碳排放变化最小。

由图 4-16(b)可知,南京 LISA 时间路径的弯曲度明显高于其他市,为 11.973,说明南京在空间依赖方向上具有最强的波动性,在碳排放变化过程中,南京及其相邻市的波动性较强。苏州的弯曲度最小,为 1.042,说明苏州在空间依赖方向上的稳定性最强。

由图 4-16(c)可知,本市域及其相邻市域协同增长的市数为 12,占市域总数的 48%,说明长三角地区碳排放空间格局演化的整合性较弱。其中,正向协同增长的市数为 3,包括南京、常州和无锡。负向协同增长的市数为 9,包括连云港、徐州、宿迁、淮安、扬州、台州、温州、丽水和衢州。

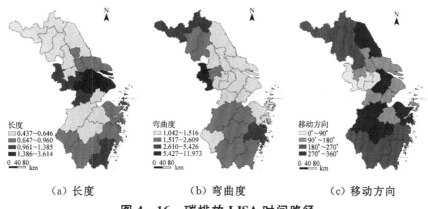

（a）长度　　　　　　（b）弯曲度　　　　　（c）移动方向

图 4 - 16　碳排放 LISA 时间路径

为进一步研究碳排放 Local Moran's I_i 的时空演化特征,采用时空跃迁分析法探索长三角地区碳排放的时空演化规律。由表 4 - 12 可知,转移概率矩阵对角线上的最小值为 0.833,表示 LH 类型保持不变的概率最小,为 83.3%,其他类型保持不变的概率均高于 83.3%,表明碳排放局部空间结构较为稳定。不同类型间转移的概率较小,其中,最大值为 0.111,即 LH 类型转换为 LL 类型的概率为 11.1%。类型 0 的概率最大,为 89%,表明1995—2013 年本市碳排放与相邻市均未发生类型改变的概率为89%,说明碳排放空间关联较为稳定。类型Ⅰ、类型Ⅱ和类型Ⅲ跃迁的概率分别为 4%、7% 和 0%。从跃迁类型的概率可知,市域自身因素决定了碳排放类型的改变。

表 4-12　1995—2013 年长三角地区碳排放的转移概率矩阵

t\t+1	HH	LH	LL	HL
HH	0.923	0.077	0.000	0.000
LH	0.056	0.833	0.111	0.000
LL	0.000	0.073	0.909	0.018
HL	0.071	0.000	0.071	0.857

三、碳排放的影响因素分析

1. 变量选择

综合分析现有文献,选择人均碳排放为因变量,从城镇化水平、产业结构、技术水平、经济水平、人口总量和对外贸易依存度等方面分析碳排放的影响因素。其中,城镇化水平用城镇人口占总人口比重表示,产业结构用第二产业比重表示,技术水平用碳排放强度表示,经济水平用人均 GDP 表示,人口总量用常住人口表示,对外贸易依存度用货物进出口总额占 GDP 比重表示。对因变量和各自变量进行无量纲化处理。

2. 模型选择

利用普通最小二乘法(OLS)分析各因素对碳排放的影响。结果显示,多重共线的条数为 8.506,小于 30,表明模型不存在严重的多重共线性。模型的 R^2 为 0.978,调整 R^2 为 0.970,F 统计值为 130.834,P 值为 0.000,表明因变量的 97% 能够被 OLS 模型解释,模型通过了 1% 水平的显著性检验,模型的整体拟合效果较好。

表 4 - 13　最小二乘法估计结果

变量	弹性系数	标准误差	T 统计量	P
常数项	0.000 00	0.034 71	0.000 00	1.000 00
人口密度	0.076 31	0.064 35	1.185 73	0.251 15
人均 GDP	0.862 25	0.081 69	10.555 63	0.000 00
碳排放强度	0.625 44	0.044 23	14.139 44	0.000 00
第二产业比重	0.203 25	0.057 79	3.516 87	0.002 46
城镇化水平	0.114 37	0.112 12	1.020 09	0.321 20
对外贸易依存度	0.015 72	0.053 31	0.294 85	0.771 48

由表 4 - 13 可知，人均 GDP、碳排放强度和第二产业比重的弹性系数均为正且通过了 1% 水平的显著性检验，表明人均 GDP、碳排放强度和第二产业比重对碳排放具有明显正向作用。其中，人均 GDP 的弹性系数为正且最大，为 0.862 25，表明人均 GDP 越高的地区，人均碳排放量越大，在保持其他影响因素不变的前提下，人均 GDP 每增加 1%，将引起人均碳排放量增加 0.862 25%，人均 GDP 是影响人均碳排放的最重要因素，适当控制经济发展速度是降低人均碳排放的重要途径。人口密度、城镇化水平和对外贸易依存度的弹性系数均为正，但并未通过 10% 水平的显著性检验，表明人口密度、城镇化水平和对外贸易依存度对人均碳排放具有正向作用但并不明显。经以上分析可知，人均 GDP、碳排放强度和第二产业比重是影响人均碳排放的重要因素。

由于长三角地区经济基础、技术水平及产业结构等方面存在差异，人均碳排放也存在一定的空间差异，而最小二乘法估计结果并未考虑人均碳排放及各影响因素的空间异质性,与人均碳排放及各影响因素的实际情况不完全相符。为了考虑人均碳排放及各影响因素的空间异质性,有必要采用地理加权回归模型研究人均碳排放的影响因素。而人均碳排放的 Moran's I 值为 0.483,P 值为 0.001,表明人均碳排放存在显著的正的空间自相关性。因此,采用因变量存在空间滞后现象的地理加权回归模型(Geographical Weighted Regression,GWR)研究人均碳排放的影响因素。

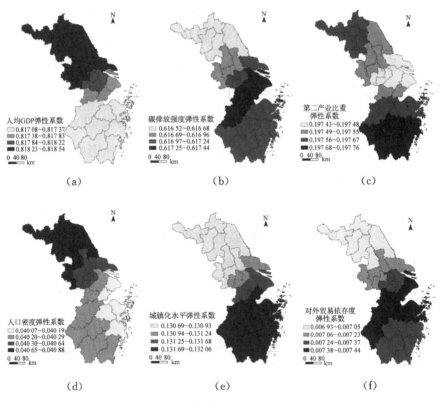

图 4-17　人均碳排放影响因素弹性系数分布图

使用交叉验证(Cross Validation,CV)方法,选择高斯模型计算因变量存在空间滞后现象的地理加权回归模型的最优带宽。估计结果显示,模型的 R^2 为 0.979,调整的 R^2 为 0.971,带宽为 4.472,与 OLS 模型估计结果相比,因变量存在空间滞后现象的地理加权回归模型的 R^2 和调整的 R^2 均有所提高,说明该模型的拟合效果优于 OLS 模型。

利用 ArcGIS 10.4,采用自然断点法将人均 GDP 弹性系数分为 4 级,得到其空间分布图[图 4 - 17(a)],同理可得到其他影响因素弹性系数的空间分布图(图 4 - 17)。人均 GDP 弹性系数均为正值,与 OLS 模型估计的符号相同,表明人均 GDP 越高,人均碳排放越高。人均 GDP 弹性系数最大的是南京,为 0.818 54,最小的是温州,为 0.817 08。人均 GDP 弹性系数从西北向东南总体呈递减趋势,表明西北部的人均 GDP 对人均碳排放的影响相对较大,人均 GDP 水平的提高对人均碳排放的影响相对较大。一般人均 GDP 较高地区,经济相对发达,而经济发展对能源具有一定的依赖性,进而导致能源消耗和碳排放量增加,应转变经济发展方式,发展低碳经济和绿色经济。同时,人均 GDP 越高地区,人民生活水平相对越高,消耗的物质资料越多,在一定程度上,导致了人均碳排放增加,应正确地引导人们的生活方式,改变消费观念,提倡绿色消费和低碳消费,倡导绿色出行,充分使用公共交通。同时,应加强对低碳产品的宣传和推广,促进低碳产品应用。

由图 4 - 17(b)可知,碳排放强度弹性系数均为正值,与 OLS 模型估计的符号相同,表明碳排放强度越高,人均碳排放越高,提高技术水平有利于降低人均碳排放量。碳排放强度弹性系数最小的是徐州,为 0.616 52,最大的是湖州,为 0.617 44。碳排放强度弹性系数从西北向中部与从东南向中部均呈增加趋势,表明长三角地区中部碳排放强度对人均碳排放影响较大,随着碳排放强度的降低,人均碳排放降低较为明显。自 2007 年中国已开始实施生态文明建设,各市政府应根据实际发展情况,引进先进低碳技术,同时,加强对新技术研发的投资力度,提高市域的低碳技术水平和能源利用效率。上海、杭州和南京应充分发挥其辐射带动作用,积极主动地对技术水平相对落后地区给予资金、技术及人力资源支持,以帮助相对落后地区尽快提高低碳技术水平。积极发展新能源技术,充分利用水能、风能和太阳能等新能源和清洁能源,提高新能源和清洁能源在总能源消耗中的比重,优化能源消费结构,降低碳排放强度。

由图 4 - 17(c)可知,第二产业比重弹性系数均为正值,与 OLS 模型估计的符号相同,表明第二产业比重越高,人均碳排放越高。第二产业比重弹性系数最小的是南通,为 0.197 43,最大的是丽水,为 0.197 76。第二产业比重弹性系数从西北部向中部与从东南部向中部均呈递减趋势,表明第二产业比重在长三角地区中部对人均碳排放影响相对较小,在东南部和西北部对人均碳排放影响相对较大。由于第二产业相对于其他产业碳排放量相对较高,第二产业比重的增加,会引起碳排放量的增加。各市应优化产业结构,推动产业升级,合理调整一、二、三产业比重,调整产业内部构成,降低第二产业比重,淘汰高污染、高排放和高消耗产业。

由图 4 - 17(d)可知,人口密度弹性系数均为正值,与 OLS 模型估计的符号相同,表明人口密度越高,人均碳排放越高,即在长三角地区,人口密度的增加并未带来各种基础设施的充分利用。可能是长三角地区人口过于密集,对资源环境的压力过大,造成了环境污染与破坏,各种基础设施处于超负荷状态,影响了其正常使用,降低了其利用效率。随着人口密度增加,人均碳排放量增加,并未形成"集聚经济效益"。人口密度弹性系数最小的是舟山,为0.040 07,最大的是徐州,为0.040 88。人口密度弹性系数从西部向东部呈递减趋势,表明人口密度在长三角地区东部对人均碳排放影响相对较小,在西部对人均碳排放影响相对较大。因此,应注重人口发展的内部规律,适当控制人口数量,降低人口密度,优化人口结构,提高人口素质,增强人们的环保意识。

由图4-17(e)可知,城镇化水平弹性系数均为正值,与OLS模型估计的符号相同,表明城镇化水平越高,人均碳排放越高。城镇化水平弹性系数最小的是徐州,为0.130 69,最大的是温州,为0.132 06。城镇化水平弹性系数从西北部向东南部呈递增趋势,表明长三角地区东南部城镇化水平对人均碳排放影响相对较大。随着城镇化水平的提高,人们的生产和生活方式发生了改变,对物质资料和基础设施的需求量增加,直接导致碳排放量增加。同时,土地城镇化改变了土地利用方式,农用地和生态用地被占用,土地覆被率降低,资源环境承载能力超负荷,导致环境污染和破坏,原来的碳汇区域变为碳源区域,间接导致碳排放增加。应稳步推进低碳城镇化建设,适度控制城镇化速度,保证城镇化质量,根据城镇功能,合理进行城镇化的空间布局,走低碳城镇化之路。

由图 4 - 17(f)可知,对外贸易依存度弹性系数均为正值,与
OLS 模型估计的符号相同,表明对外贸易依存度越高,人均碳排
放越高,随着进出口总额的增加,碳排放量增加。对外贸易依存
度弹性系数最小的是徐州,为 0.006 93,最大的是杭州,为 0.007 44。
对外贸易依存度弹性系数从西北部和东南部向中部均呈增加趋
势,表明长三角地区中部对外贸易依存度对人均碳排放影响相
对较大。长三角地区是出口导向的经济发展模式,出口产品中
隐含了大量二氧化碳,导致长三角地区碳排放总量和人均碳排
放量增加。应调整出口产品类型,由高端产品低附加值段为主,
向产品的研发设计段及销售段拓展。

第五节　碳收支平衡的时空格局研究

一、碳收支时间特征

1. 碳赤字呈增大趋势

碳盈余情况能够较好地反映碳收支情况,用碳吸收量减去
碳排放量表示,大于 0 时,表示碳盈余,小于 0 时,表示碳赤字。
由图 4 - 18 可知,上海、江苏和浙江均为碳赤字,碳赤字均呈增
大趋势,江苏的碳赤字明显高于浙江和上海。江苏碳赤字由
1995 年的 20 102 万吨,增加到 2013 年的 87 556 万吨,增加了
67 454 万吨,2000 年以后,江苏碳赤字占长三角地区的比例呈
增加趋势,由 2000 年的 45.204% 增加到 2013 年的 57.135%。
2000—2005 年,浙江的碳赤字开始超过上海,2005 年后浙江与

上海碳赤字的差距逐渐增大,主要由于 2005 年后浙江碳排放量快速增加。

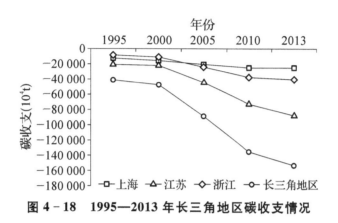

图 4 - 18　1995—2013 年长三角地区碳收支情况

2. 碳收支绝对差异呈增大趋势,相对差异呈先减小后增大趋势

由表 4 - 14 可知,碳收支的标准差呈增加趋势,由 1995 年的 2 420.643,增加到 2013 年的 5 505.342,表明碳收支的绝对差异呈增大趋势。碳排放的变异系数呈先减小后增加趋势,2000 年变异系数值最小,为 −1.497,2013 年变异系数值最大,为 −0.898,表明碳收支的相对差异呈先减小后增大趋势。偏度系数值均小于 0,长三角地区的碳收支呈左偏态,表明碳收支在长三角地区平均水平之上的占多数。

表 4 - 14　1995—2013 年长三角地区碳收支时间特征

年份	标准差	变异系数	偏度系数	Moran's I	P
1995	2 420.643	−1.470	−4.170	0.119	0.026
2000	2 879.118	−1.497	−4.349	0.084	0.040

年份	标准差	变异系数	偏度系数	Moran's I	P
2005	4 003.926	−1.130	−3.698	0.103	0.042
2010	5 202.689	−0.964	−2.807	0.181	0.024
2013	5 505.342	−0.898	−2.431	0.210	0.015

3. 碳收支空间集聚性呈先减弱后增强趋势

利用 GeoDa 1.4.1 计算 1995—2013 年碳收支的全局空间自相关系数 Moran's I（表 4 - 14），由表 4 - 14 可知，1995—2013 年碳收支 Moran's I 均为正且通过了 5％水平的显著性检验，表明 1995—2013 年长三角地区的碳收支存在显著的正的空间自相关性。Moran's I 呈先减小后增加趋势，表明碳收支的空间集聚性先减弱后增强。

二、碳收支空间特征

1. 碳收支空间类型分布

将 1995—2013 年长三角地区各市碳收支与 GIS 图像矢量数据链接，在 ArcGIS 10.4 中采用自然断点法将其分为 4 级，得到图 4 - 19。由图 4 - 19 可知，1995 年和 2000 年，仅丽水为碳盈余区，其他年份，长三角地区各市均为碳赤字区。1995 年，丽水的碳盈余为 195.171 万吨，上海的碳赤字最大，为 −12 618.093 万吨，碳赤字较大区域主要分布在上海、苏州、南京、无锡、南通、徐州和杭州，基本与碳排放较大区域一致，主要是由于以上区域碳排放远大于碳吸收，碳排放决定了碳盈余情况。碳赤字较小区域主要分布在舟山、衢州、宿迁、台州和金华，基本与碳排放较小值区域一致。

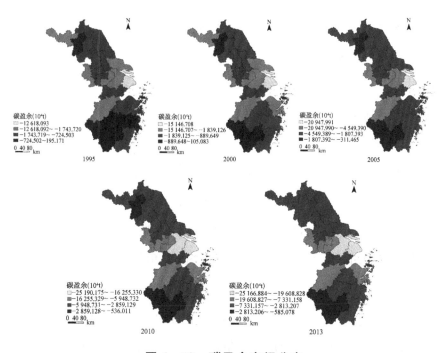

图 4-19 碳盈余空间分布

  2000 年,丽水的碳盈余为 105.083 万吨,上海的碳赤字仍最
大,为 -15 146.708 万吨,与 1995 年相比,碳赤字较大区域多了
宁波,碳赤字较小区域少了金华和台州。2005 年,上海的碳赤字
仍最大,为 -20 947.991 万吨,与 2000 年相比,碳赤字较大区域
少了徐州、南通和宁波,碳赤字较小区域相同。2010 年,上海的
碳赤字仍最大,为 -25 190.175 万吨,与 2005 年相比,碳赤字较
大区域多了常州和宁波,碳赤字较小区域相同。2013 年,上海的
碳赤字仍最大,为 -25 166.884 万吨,与 2010 年相比,碳赤字较
大区相同,碳赤字较小区域少了宿迁。与 1995 年相比,2000 年、
2005 年、2010 年和 2013 年,碳赤字较大区逐渐扩张,且向苏南
地区和浙东北地区集中,碳赤字较小区逐渐收缩。随着工业化

和城镇化的快速发展,碳排放量迅速增加,而陆地碳汇能力变化不大,净碳排放量逐渐增加,尤其在苏南地区和浙东北地区经济相对发达,1995年以后,经济得到了快速发展,而经济发展对能源依赖较强,因此能源消费增长,碳排放增加。

2. 碳收支趋势分析

为了深入分析长三角地区碳收支的总体空间特征,对各市碳收支进行趋势分析得到图4-20。由图4-20可知,1995年长三角地区的碳收支拟合曲线,在东西向上,西高东低,呈下降趋势。在南北向上,略呈U形,表明1995年长三角地区的碳收支,西部高于东部,中部低于北部和南部。与1995年相比,2000年、2005年、2010年和2013年的趋势分析图,在东西向上,变化不大,南北向上,U形趋势增强,表明长三角地区碳收支在东西向上,变化不明显,在南北向上,中部地区碳收支减少明显。其中南北向的碳收支趋势与碳排放趋势分析图中的变化趋势正好相反,表明碳排放对碳收支起决定作用。

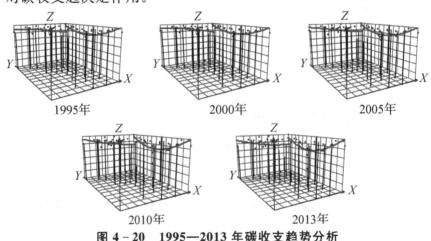

图4-20 1995—2013年碳收支趋势分析

3. 碳收支空间关联类型分析

为揭示长三角地区碳收支的空间关联类型,利用 GeoDa 1.4.1
测算长三角地区各市碳收支的 Local Moran's I_i,在 ArcGIS 10.4
中进行可视化表达,得到其空间关联类型图(图 4 - 21),由
图 4 - 21 可知,1995 年长三角地区可分为 4 种类型:① 本市与相
邻市均比平均碳收支高,即 HH 类型的市有 14 个,占市域总数
的 56%,包括连云港、淮安、宿迁、盐城、扬州、镇江、舟山、绍兴、
衢州、宁波、台州、金华、丽水和温州。② 本市与相邻市均比平均
碳收支低,即 LL 类型的市有 4 个,占市域总数的 16%,包括无
锡、苏州、南通和上海。通常情况下,HH 类型和 LL 类型的市数
量越多,空间集聚性越强。HH 类型和 LL 类型的市数量为 18,
占市总数的 72%,且在空间上呈集聚分布,说明碳收支的局域空
间自相关性较强。③ 本市的碳收支比平均值低,但其相邻市比
平均值高,即 LH 类型的市数量为 3,占市域总数的 12%,包括
徐州、南京和杭州。④ 本市的碳收支比平均值高,其相邻市域比
平均值低,即 HL 类型的市有 4 个,占市域总数的 16%,包括泰
州、常州、嘉兴和湖州。与 1995 年相比,2000 年无锡由 LL 类型
转换成 LH 类型,徐州由 LH 类型转换成 HH 类型,泰州由 HL
类型转换成 HH 类型,宁波由 HH 类型转换成 LH 类型,舟山由
HH 类型转换成 HL 类型。与 2000 年相比,2005 年南通由 LL
类型转换成 HL 类型,无锡由 LH 类型转换成 LL 类型,泰州由
HH 类型转换成 HL 类型。与 2005 年相比,2010 年仅常州发生
了类型转换,由 HL 类型转换成 LL 类型。与 2010 年相比,2013
年仅镇江发生了类型转换,由 HH 类型转换成 HL 类型。经以

上分析可知,2000 年和 2005 年的空间关联类型变化相对较大,2010 年和 2013 年的空间关联类型变化不大,LL 类型由上海、苏州和南通,逐渐演变为上海、苏州、无锡和常州,说明了碳收支低值区呈向长三角地区中部集聚的特征。HH 类型仍主要分布在江苏的中北部和浙江的中南部。

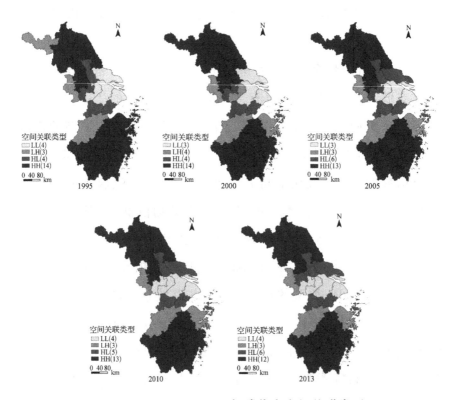

图 4 - 21　1995—2013 年碳收支空间关联类型

4. 碳收支时空动态分析

为研究长三角地区碳收支的局部空间结构与时空依赖关系,测算 1995—2013 年碳收支 LISA 时间路径的长度和弯曲度。由图 4 - 22(a)可知,LISA 时间路径的长度较高值分布在长三角地区的中部,主要包括上海、苏州和无锡,说明以上地区具有更加动态的局部空间结构。苏州 LISA 时间路径的长度值最大,为3.595,说明苏州局部空间结构的动态性最强,碳收支变化最大。宿迁 LISA 时间路径的长度值最小,为 0.447,表明宿迁局部空间结构最稳定,碳收支变化最小。

由图 4-22(b)可知,南京 LISA 时间路径的弯曲度明显高于其他市,为 15.910,说明南京在空间依赖方向上具有最强的波动性,在碳收支变化过程中,南京及其相邻市的波动性较强。苏州的弯曲度最小,为 1.043,说明苏州在空间依赖方向上的稳定性最强。

由图 4-22(c)可知,本市域及其相邻市域协同增长的市数为 10,占市域总数的 40%,说明长三角地区碳排放空间格局演化的整合性较弱。其中,正向协同增长的市数为 8,包括连云港、徐州、淮安、宿迁、扬州、台州、丽水和温州。负向协同增长的市数为 2,包括常州和无锡。

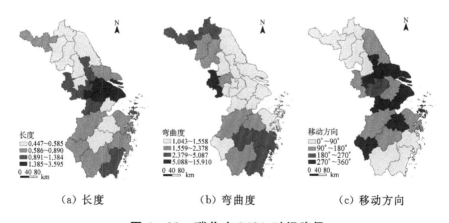

(a)长度　　　　　(b)弯曲度　　　　　(c)移动方向

图 4-22 碳收支 LISA 时间路径

为进一步研究碳收支 Local Moran's I_i 的时空演化特征,采用时空跃迁分析法探索长三角地区碳收支的时空演化规律。由表 4-15 可知,转移概率矩阵对角线上的最小值为 0.867,表示 HL 类型保持不变的概率最小,为 86.7%,其他类型保持不变的概率均高于 86.7%,表明碳收支局部空间结构较为稳定。不同类型间转移的概率较小,其中,最大值为 0.067,即 HH 类型转换为 LH 类型、HL 类型转换为 HH 类型和 HL 类型转换为 LL 类型的概率均为 6.7%。类型 0 的概率最大,为 90.6%,表明 1995—2013 年本市碳排放与相邻市均未发生类型改变的概率为 90.6%,说明碳收支空间关联较为稳定。类型Ⅰ、类型Ⅱ和类型Ⅲ跃迁的概率分别为 4.2%、5.2% 和 0%。从跃迁类型的概率可知,市域自身因素决定了碳收支类型的改变。

表 4-15　1995—2013 年长三角地区碳收支的转移概率矩阵

t\t+1	HH	LH	LL	HL
HH	0.933	0.067	0.000	0.000
LH	0.050	0.900	0.050	0.000
LL	0.000	0.065	0.913	0.022
HL	0.067	0.000	0.067	0.867

第六节　本章小结

在构建长三角地区碳排放清单与核算方法的基础上,对长三角地区的碳吸收、碳排放和碳收支情况进行了较为全面的核算,利用传统统计方法与趋势分析、标准差椭圆分析和 ESTDA 等空间分析方法相结合,分析了 1995—2013 年碳吸收和碳排放的时空特征及其影响因素,并分析了碳收支状况。经分析主要得出以下结论:

(1) 1995—2013 年,长三角地区碳吸收总量从 2 940.966 万吨增加到 3 163.988 万吨,增加了 223.022 万吨,增长率为 7.6%。由于浙江林地面积占全省面积的 64%以上,因此,浙江省的碳吸收量最大。近些年来,上海城市绿地面积增加较快,碳吸收量增长较快。碳吸收的绝对差异呈先增大后减小的趋势,相对差异呈减小的趋势。碳吸收呈显著的正的空间自相关,集聚性减弱。

(2) 长三角地区碳吸收量的最小值呈增大趋势,最大值呈减小趋势,区域差异减小。2013 年,舟山的碳吸收量最小,为 19.516 万吨,丽水的碳吸收量最大,为 405.376 万吨。1995—2013 年,碳吸收的总体空间格局较为稳定,在东西向上,中部地区较高,东部高于西部;在南北向上,自北向南呈增加趋势。碳吸收空间格局演化是以南北向为主,总体上向西北移动。碳吸收的空间分布呈西北—东南格局,但总体变化较小,在局部空间上表现出明显的空间自相关性。

苏州 LISA 时间路径的长度值最大,局部空间结构的动态性最强;常州 LISA 时间路径的长度值最小,局部空间结构最稳定。宿迁弯曲度最大,在空间依赖方向上的波动性最大,苏州弯曲度最小,在空间依赖方向上的稳定性最强。长三角地区碳吸收量空间格局演化的整合性较弱,碳吸收局部空间结构较为稳定,碳吸收类型的变化主要由市域自身因素决定。

（3）碳排放总量呈增加趋势，从 1995 年的 44 101 万吨增加到 2013 年的 156 409 万吨，增长了 2.55 倍。上海、江苏和浙江的碳排放量均呈增加趋势，江苏的碳排放量明显高于浙江和上海。碳排放的绝对差异呈增大趋势，相对差异呈先增大后减小趋势，集聚性先减弱后增加。1995—2013 年碳排放空间格局总体上较为稳定，在东西向上，自西向东增加，在南北向上，中部高于南部和北部，略呈倒 U 形。碳排放空间格局演化是以东西向为主，2005 年之前中心有向南移动的趋势，2005 年之后中心有向西北移动的趋势。碳排放空间差异主要来自上海、江苏和浙江之间的差异，且有缩小趋势，LL 类型主要分布在江苏的中北部和浙江的中南部，低值区空间分布变动较小，HH 类型由上海、苏州和南通，逐渐演变为上海、苏州、无锡和常州，高值区开始向长三角地区中部集中。

上海、苏州和无锡的 LISA 时间路径长度值较大，具有相对稳定的局部空间结构，宿迁时间路径长度值最小，碳排放局部空间结构最稳定。南京 LISA 时间路径的弯曲度明显高于其他市，在空间依赖方向上具有最强的波动性。苏州的弯曲度最小，在空间依赖方向上的稳定性最强。长三角地区碳排放空间格局演化的整合性较弱，局部空间结构较为稳定，市域自身因素决定了碳排放类型的改变。由碳排放影响因素的分析可知，人均 GDP、碳排放强度和第二产业比重对碳排放具有重要影响，其中，人均 GDP 是影响人均碳排放的最重要因素。

（4）碳赤字呈增大趋势，从 1995 年的 20 102 万吨增加到

2013 年的 87 556 万吨,增加了 67 454 万吨。上海、江苏和浙江的碳赤字均呈增大趋势,江苏的碳赤字明显高于浙江和上海。碳收支的绝对差异呈增大趋势,相对差异呈先减小后增大趋势,集聚性先减弱后增强。在 1995 年和 2000 年,仅丽水为碳盈余区,其他年份,长三角地区各市均为碳赤字区。1995 年以后,碳赤字较大区逐渐扩张,且向苏南和浙东北地区集中,碳赤字较小区逐渐收缩。由于 1995 年以后长三角地区经济发展较快,尤其在苏南和浙东北地区,而经济发展对能源的依赖性较强,导致了能源消费增多,碳排放增加。1995—2013 年碳收支空间格局总体上较为稳定,在东西向上,自西向东减小,在南北向上,中部低于南部和北部,略呈 U 形。2000 年和 2005 年的空间关联类型变化相对较大,2010 年和 2013 年的空间关联类型变化不大,LL 类型由上海、苏州和南通,逐渐演变为上海、苏州、无锡和常州,说明了碳收支低值区呈向长三角地区中部集聚的特征。HH 类型主要分布在江苏的中北部和浙江的中南部。

上海、苏州和无锡的 LISA 时间路径长度值较大,具有相对稳定的局部空间结构,宿迁时间路径长度值最小,碳收支局部空间结构最稳定。南京 LISA 时间路径的弯曲度明显高于其他市,在空间依赖方向上具有最强的波动性。苏州的弯曲度最小,在空间依赖方向上的稳定性最强。长三角地区碳收支空间格局演化的整合性较弱,局部空间结构较为稳定,市域自身因素决定了碳收支类型的改变。

第五章 长三角地区城镇化对碳排放的影响研究

　　城镇是二氧化碳排放的重点区域,城镇化改变了人们的生产生活方式,对各种物质资料需求增加,导致碳排放增加,城镇化已成为影响碳排放的重要因素[3]。中国城镇化快速发展,自 2013 年已超过世界平均水平[199],快速城镇化导致了资源短缺和环境污染[200]。为了解决环境污染问题,《国家新型城镇化规划(2014—2020 年)》要求进行低碳城镇化建设,引起了地方政府和学者的高度重视。因此,本研究分析城镇化与碳排放的关系,揭示城镇化与碳排放的作用机理,以期为低碳城镇化建设提供科学依据。

第一节 数据来源与研究方法

一、数据来源

　　就业人员、非农业人口、年末总人口、GDP、第二产业产值和面积等数据主要来源于《中国区域经济统计年鉴》《中国统计年鉴》

《中国城市统计年鉴》《中国能源统计年鉴》《上海统计年鉴》《江苏
统计年鉴》《浙江统计年鉴》及各市的国民经济和社会发展统计公
报。能源消费量利用 DMSP/OLS 夜间灯光数据模拟反演获得。
"G8＋5"国家的碳排放与城镇化水平数据源自世界银行。

　　投入变量主要包括了劳动力、资本和能源，产出变量主要包
括期望产出（GDP）和非期望产出（CO_2）。其中，劳动力投入用
各市的就业人员表示；资本用资本存量表示，资本存量无法从年
鉴中直接获得，运用"永续盘存法"计算获得；能源投入用能源消
费总量表示，但市域的能源消费量无法从年鉴中获得，采用
DMSP/OLS 夜间灯光数据模拟反演获得，首先计算上海、江苏
和浙江的能源消费总量和夜间灯光的 DN 值之和，对其进行拟
合，确定两者间数量关系，结果表明，两者间的线性关系拟合效
果最好，利用线性相关关系反演得到各市能源消费量；期望产出
用各市的 GDP 表示，并将其转换为 2000 年不变价；非期望产出
用各市的能源消费 CO_2 排放量表示，利用第四章中能源消费碳
排放核算结果。各投入产出变量的描述性统计结果见表 5-1。

表 5-1　1995—2013 年投入与产出变量描述性统计结果

	单位	极小值	极大值	均值	标准差
资本存量	亿元	21.626	34 448.039	3 371.004	4 969.001
从业人员	万人	31.810	1 137.350	321.598	175.084
能源消费量	万吨标煤	54.822	11 362.152	1395.528	1 624.417
GDP	亿元	73.490	16 462.606	1 578.276	2 021.551
能源碳排放	万吨 CO_2	111.568	21 819.820	2 868.782	3 240.817

二、研究方法

1. Pearson 相关系数

Pearson 相关系数是测算两变量相关关系的最常用方法,用于测度城镇化与人均碳排放的相关关系。Pearson 相关系数的具体计算公式如下[201]:

$$r_{x,y} = \frac{\sum_{i=0}^{n}(x_i - \bar{x})(y_i - \bar{y})}{\sqrt{\sum_{i=0}^{n}(x_i - \bar{x})^2}\sqrt{\sum_{i=0}^{n}(y_i - \bar{y})^2}} \qquad (5-1)$$

式中,n 表示长三角地区地市总数;i 表示第 i 个地市;x_i 和 y_i 分别表示第 i 地市的人均碳排放和城镇化水平;$\bar{x}$ 和 $\bar{y}$ 分别表示长三角地区人均碳排放和城镇化水平;$r_{x,y}$ 表示人均碳排放和城镇化水平的 Pearson 相关系数,其取值区间为[−1,1],Pearson 相关系数小于 0、等于 0 和大于 0 分别表示负相关、不相关和正相关,其绝对值越大表示相关性越强。

2. 双变量空间相关分析

双变量 Moran's I 和双变量 Local Moran's I 用于城镇化与人均碳排放的双变量空间相关分析。双变量 Moran's I 用于城镇化与人均碳排放总体的空间相关分析,其具体的计算公式如下:

$$I_{kl} = z_k' W z_l / n \qquad (5-2)$$

式中,z_k 表示人均碳排放的 Z 值得分标准化值;z_l 表示城镇化的 Z 值得分标准化值;W 表示空间权重矩阵(选择 Q 型邻接矩阵,并进行行标准化);n 表示长三角地区地市总数;I_{kl} 表示城镇化与碳排放的双变量 Moran's I,其取值区间为$[-1,1]$,双变量 Moran's I 小于 0、等于 0 和大于 0 分别表示空间负相关、空间不相关和空间正相关,其绝对值越大表示空间相关性越强。

3. 耦合协调度模型

耦合度是指两个或两个以上系统受自身和外界的各种相互作用而彼此影响的现象[198,202]。城镇化系统与碳排放系统的耦合度,用城镇化率和人均碳排放量分别表示城镇化系统和碳排放系统的水平。耦合度表示如下[203]:

$$A = \frac{2\sqrt{f(U)g(C)}}{f(U) + g(C)} \quad (5-3)$$

式中:A 表示城镇化水平与人均碳排放的耦合度;$f(U)$ 表示城镇化系统的水平,用城镇人口占总人口比例表示;$g(C)$ 表示碳排放系统的水平,用人均碳排放量表示。依据相关成果[198],将城镇化水平与人均碳排放的耦合度分为 4 种类型:分离阶段($0<A\leqslant0.3$)、拮抗阶段($0.3<A\leqslant0.5$)、磨合阶段($0.5<A\leqslant0.8$)和耦合阶段($0.8<A\leqslant1$)。

耦合协调度表征城镇化与碳排放在发展过程中和谐一致的程度。耦合协调度值越大,耦合协调性越强。为研究城镇化与人均碳排放的耦合协调关系,构建耦合协调度模型如下[198,202]:

$$T = af(U) + bg(C) \quad (5-4)$$

$$D = (A \times T)^{0.5} \qquad\qquad (5-5)$$

式中:T 表示城镇化水平与人均碳排放的综合协调指数;a 和 b 分别表示城镇化水平与人均碳排放的贡献份额,借鉴现有研究成果[202],本研究认为城镇化水平与人均碳排放贡献份额相同,将 a 和 b 均设置为 0.5;D 表示城镇化水平与人均碳排放的耦合协调度。借鉴现有研究成果[198],将城镇化水平与人均碳排放的耦合协调度分为 4 类:低协调阶段($0 < D \leqslant 0.3$)、中协调阶段($0.3 < D \leqslant 0.5$)、高协调阶段($0.5 < D \leqslant 0.8$)和极协调阶段($0.8 < D \leqslant 1$)。

4. 考虑非期望产出的 SBM 模型

传统 DEA 模型忽略了非期望产出问题[204],然而考虑非期望产出能够进一步提高效率估计的精度。解决非期望产出问题大体可归纳为以下 3 种方法:第一,将非期望产出作为投入[91, 205],该方法无法反映真实生产过程;第二,利用线性转换模型将非期望产出变量进行转换,然后再利用 DEA 模型进行评价,该方法保留了凸状关系,较适合效率的估算[179, 204];第三,利用非参数 DEA 模型[102, 206]。SBM 模型能够有效地解决非期望产出问题,因此,本研究中使用考虑非期望产出的 SBM 模型研究碳排放效率。

假设有 n 个决策单元,每个决策单元包括投入项、期望产出项和非期望产出项,分别使用向量 $x \in R^m$、$y^g \in R^{s_1}$ 和 $y^b \in R^{s_2}$ 表示。定义矩阵 $X = [x_1, \cdots, x_n] \in R^{m \times n}$,$Y^g = [y_1^g, \cdots, y_n^g] \in R^{s_1 \times n}$ 和 $Y^b = [y_1^b, \cdots, y_n^b] \in R^{s_2 \times n}$。假设 $X > 0, Y^g > 0, Y^b > 0$,生

产可能性集可以定义为

$$P = \{(x, y^g, y^b) \mid x \geqslant X\lambda, y^g \leqslant Y^g\lambda, y^b \geqslant Y^b\lambda, \sum_{i=1}^{n}\lambda = 1, \lambda \geqslant 0\}$$

$$(5-6)$$

式中，λ 表示观测值的权重，权重之和为 1，表示可变规模报酬，权重之和不为 1，则为不变规模报酬。考虑非期望产出的 SBM 模型可定义如下：

$$\rho^* = \min \frac{1 - \frac{1}{m}\sum_{i=1}^{m}\frac{s_i^-}{x_{io}}}{1 + \frac{1}{s_1 + s_2}(\sum_{r=1}^{s_1}\frac{s_r^g}{y_{ro}^g} + \sum_{r=1}^{s_2}\frac{s_r^b}{y_{ro}^b})} \qquad (5-7)$$

$$\text{s.t.}\begin{cases} x_o = X\lambda + s^- \\ y_o^g = Y^g\lambda - s^g \\ y_o^b = Y^b\lambda + s^b \\ s^- \geqslant 0 \\ s^g \geqslant 0 \\ s^b \geqslant 0 \\ \lambda \geqslant 0 \end{cases} \qquad (5-8)$$

式中，s^- 和 s^b 分别表示投入过量和非期望产出过量，s^g 表示期望产出不足。当 $\rho^* < 1$ 时，表示决策单元无效，当 $\rho^* = 1$ 时，表示决策单元有效。

5. 窗口分析法

窗口分析法是将不同时期的同一决策单元当作不同决策单

元,采用移动平均法测算效率,可有效地反映效率的动态变化。Charnes 等[207]将数据包络分析与窗口分析相结合,提出了数据包络窗口分析(DEA window analysis),以估计动态数据的效率。采用窗口分析法计算 1995—2013 年碳排放效率,每个窗口包括 $n \times t$ 个决策单元,n 表示决策单元数,即研究单元总数,本研究中 $n=25$,t 表示窗口的宽度,当 $t=3$ 或 $t=4$ 时,测算的效率最优[208],本研究中取 $t=3$,第一个窗口包括 1995 年、1996 年和 1997 年。窗口的步长取一年,因此,第二个窗口包括 1996 年、1997 年和 1998 年,1995—2013 年共 17 个窗口,除 1995 年和 2013 年每个决策单元仅有 1 个效率值,1996 年和 2012 年仅有 2 个效率值,其余年份均有 3 个效率值。每年每个决策单元的平均效率表示该年的效率。

第二节 城镇化与碳排放关系研究

一、城镇化与人均碳排放时空特征分析

1. 城镇化与人均碳排放的时间特征分析

(1) 城镇化水平与人均碳排放总体上均呈上升趋势

由图 5-1 可知,城镇化水平与人均碳排放总体上均呈增加趋势,其中,城镇化水平大致可分为 3 个阶段:1995—1998 年城镇化水平缓慢增加;1998—2005 年城镇化水平快速增加,由 1998 年的 29.347% 增加到 2005 年的 41.678%,年均增长率为 5.139%,主要是由于各类开发区大规模建设,上海、江

苏和浙江分别实施了"经济特区"计划、沿江开发战略和杭州湾开发战略,推动了区域内社会经济的快速发展,吸引了大量的外商投资、产业转移和劳动力,提高了城镇化发展水平;2005—2013 年城镇化率波动增加,增速下降,主要是国家出台了相关的控制城市蔓延政策,严格土地用途管制,控制建设用地总规模,实施严格的耕地保护政策,在一定程度上限制了城市用地空间,控制了土地城镇化的过快发展,降低了城镇化水平的增速。

人均碳排放大致可分为 3 个阶段:1995—1999 年人均碳排放缓慢增长;1999—2011 年人均碳排放快速增加,尤其是 2001 年以后,人均碳排放增速明显增大,2001 年随着中国加入世界贸易组织,长三角地区外向型经济快速发展,而经济发展对能源资源的依赖,导致人均碳排放快速增加;2011—2013 年人均碳排放先降后升,由于长三角地区经济进入新常态,发展速度放缓,加强产业结构调整和转变经济增长方式。

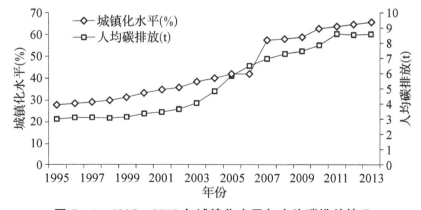

图 5 - 1　1995—2013 年城镇化水平与人均碳排放情况

（2）城镇化水平与人均碳排放之间呈显著性正相关

由表 5－2 可知,城镇化水平与人均碳排放的 Pearson 相关系数均为正,且通过了 1％水平的显著性检验,表明城镇化水平与人均碳排放之间呈显著性正相关,即随着城镇化水平的提高,人均碳排放水平不断提高。Pearson 相关系数总体上呈减弱趋势,从 1995 年的 0.882,减少到 2013 年的 0.640。1998 年和 2008 年 Pearson 相关系数呈升高趋势,可能是受亚洲金融危机和全球金融危机的影响。

为了分析本市人均碳排放与相邻市城镇化水平的关系,利用 GeoDa 1.4.1 计算人均碳排放与城镇化水平的双变量 Moran's I 指数。由表 5－2 可知,1995—2013 年人均碳排放与城镇化水平的双变量 Moran's I 值均为正且通过了 5％水平的显著性检验,表明 1995—2013 年期间本市人均碳排放与相邻市城镇化水平间存在显著的空间正相关关系,即提高相邻市城镇化水平,会导致本市人均碳排放增加。

表 5－2　1995—2013 年城镇化水平与人均碳排放相关性

年份	Pearson 相关系数	P 值	双变量 Moran's I	P 值
1995	0.882	0.000	0.320	0.003
1996	0.875	0.000	0.330	0.001
1997	0.872	0.000	0.309	0.004
1998	0.882	0.000	0.309	0.004
1999	0.868	0.000	0.288	0.007
2000	0.849	0.000	0.287	0.009

续　表

年份	Pearson 相关系数	P 值	双变量 Moran's I	P 值
2001	0.809	0.000	0.260	0.009
2002	0.777	0.000	0.253	0.012
2003	0.732	0.000	0.243	0.019
2004	0.690	0.000	0.239	0.022
2005	0.687	0.000	0.253	0.015
2006	0.668	0.000	0.260	0.013
2007	0.714	0.000	0.284	0.008
2008	0.719	0.000	0.287	0.009
2009	0.715	0.000	0.300	0.006
2010	0.650	0.000	0.273	0.009
2011	0.630	0.001	0.272	0.009
2012	0.627	0.001	0.273	0.009
2013	0.640	0.001	0.282	0.009

　　为进一步研究各市城镇化水平与人均碳排放间的对应关系,分别以2013年长三角地区人均碳排放8.587吨和平均城镇化水平67.9%为分界线,从人均碳排放与城镇化水平两个维度,将2013年长三角地区各市分为4类(图5-2),分别为高城镇化水平高人均碳排放、低城镇化水平高人均碳排放、低城镇化水平低人均碳排放和高城镇化水平低人均碳排放。

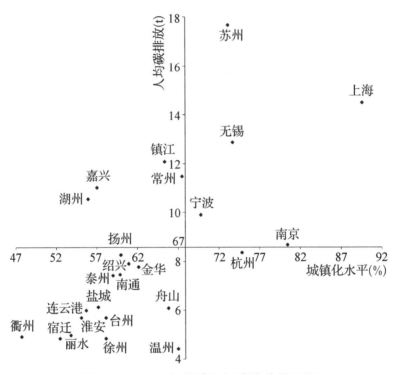

图 5—2 2013 年城镇化与碳排放关系图

由图 5—2 可知,高城镇化水平高人均碳排放类型的区域主要包括上海、苏州、无锡、南京和宁波,表明以上 5 市的城镇化水平较高,人均碳排放也较高,应以降低人均碳排放量作为低碳城镇化建设的首要任务。低城镇化水平高人均碳排放类型的区域主要包括常州、镇江、嘉兴和湖州,表明以上 4 市的城镇化水平较低,人均碳排放较高。其中,常州和镇江的城镇化水平接近长三角地区平均水平,应以降低人均碳排放作为首要任务,嘉兴和湖州应在降低人均碳排放的同时,注重提高城镇化水平。低城镇化水平低人均碳排放类型的区域主要包括舟山、温州、金华、绍兴、南通、扬州、泰州、盐城、台州、徐州、连云港、淮安、丽水、宿迁和衢州,其应将推动城镇化建设作为首要任务。高城镇化水平低人均碳排放类型的区域仅有杭州,表明杭州的城镇化水平较高,人均碳排放量相对较小,基本实现了低碳城镇化发展,其低碳城镇化建设的经验可供其他区域借鉴。高城镇化水平高人均碳排放类型和低城镇化水平低人均碳排放类型的城市共 20 个,占长三角地区市域总数的 80%,进一步说明了城镇化与人均碳排放呈较强的正相关关系。

　　为了进一步分析本市人均碳排放与相邻地市城镇化水平的关系,利用 GeoDa 1.4.1 计算 1995—2013 年城镇化水平和人均碳排放的双变量局部空间自相关系数 Moran's I_i 值,在 5% 显著性水平下绘制双变量 LISA 集聚图(图 5-3)。双变量局部 Moran's I 有 4 种类型,包括 LL 类型、LH 类型、HL 类型和 HH 类型。LL 类型表示本地市人均碳排放低于长三角地区人均碳排放,相邻地市城镇化水平低于长三角地区城镇化水平。LH 类型表示本地市人均碳排放低于长三角地区人均碳排放,相邻地市城镇化水平高于长三角地区城镇化水平。HL 类型表示本地市的人均碳排放高于长三角地区人均碳排放,相邻地市城镇化水平低于长三角地区城镇化水平。HH 类型表示本地市人均碳排放高于长三角地区人均碳排放,相邻地市城镇化水平高于长三角地区城镇化水平。

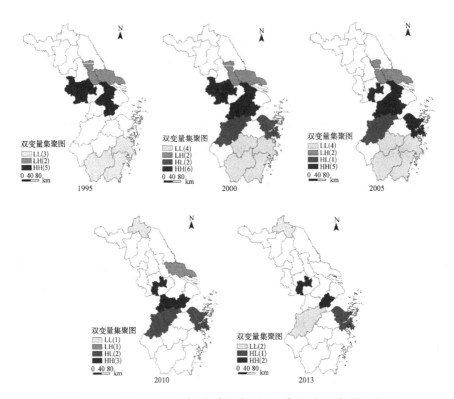

图 5-3　1995—2013 年城镇化与人均碳排放双变量集聚图

由图 5-3 可知,1995 年 LL 类型主要分布在台州、丽水和温州,LH 类型主要分布在泰州和南通,HH 类型主要分布在南京、镇江、常州、苏州和嘉兴。2000 年 LL 类型主要分布在台州、金华、丽水和温州,LH 类型主要分布在泰州和南通,HL 类型主要分布在杭州和宁波,HH 类型主要分布在南京、镇江、常州、苏州、嘉兴和湖州。与 1995 年相比,2000 年 LL 类型新增了金华,LH 类型保持不变,新增了 HL 类型,HH 类型增加了湖州。2005 年 LL 类型主要分布在台州、金华、丽水和温州,LH 类型主要分布在泰州和南通,HL 类型主要分布在杭州,HH 类型主要分布在常州、苏州、嘉兴、湖州和宁波。与 2000 年相比,2005 年 LL 类型和 LH 类型保持不变,HL 类型数量减少了 1 个,宁波由 HL 类型转换为 HH 类型,HH 类型数量减少了 1 个,南京和镇江退出 HH 类型,宁波转换成 HH 类型。经以上分析可知,1995—2005 年城镇化水平和人均碳排放的双变量 LISA 集聚图中 HH 类型主要分布在长三角中部地区,LL 类型主要分布在浙江南部,空间格局较为稳定。

2010 年仅连云港为 LL 类型,仅南通为 LH 类型,HL 类型主要分布在杭州和宁波,HH 类型主要分布在常州、嘉兴和湖州。与 2005 年相比,2010 年 LL 类型减少了 3 个,台州、金华、丽水和温州均退出 LL 类型,连云港成为 LL 类型,LH 类型减少了 1 个,泰州退出了 LH 类型,HL 类型增加了宁波,HH 类型减少了宁波和苏州。2005—2010 年城镇化水平和人均碳排放的双变量 LISA 集聚图中各类型空间分布变化较大,空间格局不稳定。2013 年 LL 类型主要分布在连云港和杭州,仅宁波为 HL 类型,HH 类型主要分布在常州和嘉兴。与 2010 年相比,2013 年 LL 类型增加了杭州,不存在 LH 类型,杭州由 HL 类型转换为 LL 类型,HH 类型减少 1 个,湖州退出 HH 类型。

（3）绝对差异与相对差异

由图 5-4 和表 5-3 可知,以标准差测度的城镇化水平绝对差异呈波动减小趋势,2006 年标准差最大,为 17.653,2013 年最小,为 9.618。标准差大致可分为 3 个阶段:1995—1999 年标准差呈轻微波动变化趋势,表明城镇化水平绝对差异呈轻微变化;1999—2006 年标准差呈增加趋势,表明城镇化水平绝对差异增加;2006—2013 年标准差呈下降趋势,表明城镇化水平绝对差异减小。以变异系数测度的城镇化水平相对差异总体上呈减小趋势,1995 年变异系数最大,为 0.571,2013 年最小,为 0.152。变异系数大致可分为 3 个阶段:1995—2001 年变异系数呈快速减小趋势,表明城镇化水平相对差异快速减小;2001—2006 年变异系数呈轻微波动变化,表明城镇化水平相对差异呈轻微变化;2006—2013 年变异系数呈减小趋势,表明城镇化水平相对差异呈减小趋势。城镇化水平的偏度系数均为正,长三角地区城镇化水平呈右偏态,表明长三角地区各市在平均城镇化水平之下的占多数。

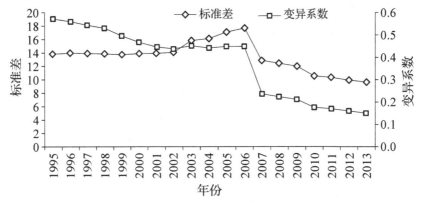

图 5－4　1995—2013 年长三角地区城镇化水平差异变化

表 5－3　1995—2013 年长三角地区城镇化水平时间特征

年份	标准差	变异系数	偏度系数	Moran's I	P
1995	13.835	0.571	1.927	0.234	0.024
1996	13.973	0.559	1.858	0.261	0.012
1997	13.899	0.544	1.868	0.271	0.015

年份	标准差	变异系数	偏度系数	Moran's I	P
1998	13.922	0.531	1.870	0.276	0.011
1999	13.747	0.495	1.879	0.281	0.009
2000	13.904	0.466	1.713	0.305	0.004
2001	13.924	0.448	1.636	0.309	0.004
2002	14.146	0.439	1.560	0.297	0.007
2003	15.800	0.451	1.249	0.294	0.008
2004	16.167	0.443	1.287	0.254	0.020
2005	17.109	0.449	1.236	0.224	0.031
2006	17.653	0.450	1.277	0.212	0.036
2007	12.885	0.235	0.710	0.198	0.044
2008	12.435	0.224	0.751	0.188	0.047
2009	11.990	0.213	0.779	0.183	0.049
2010	10.562	0.176	0.993	0.055	0.225
2011	10.339	0.169	0.975	0.051	0.242
2012	9.931	0.160	0.994	0.051	0.258
2013	9.618	0.152	0.997	0.058	0.212

　　由图 5-5 和表 5-4 可知,以标准差测度的人均碳排放绝对差异总体上呈增加趋势,1999 年标准差最小,为 1.493,2011 年最大,为 3.448。标准差大致可分为 3 个阶段:1995—1999 年标准差呈先增加后减小趋势,表明人均碳排放的绝对差异先增加后减小;1999—2011 年标准差呈快速增加趋势,表明人均碳排放的绝对差异快速增加;2011—2013 年标准差呈减小趋势,表明人均碳排放的绝对差异减小。以变异系数测度的人均碳排放相对

差异总体上呈减小趋势,变异系数 1995 年最大,为 0.569,2013年最小,为 0.407。2002 年和 2008 年人均碳排放变异系数均呈轻微增大,表明 2002 年和 2008 年人均碳排放的相对差异增加。人均碳排放的偏度系数均为正,长三角地区人均碳排放呈右偏态,表明长三角地区各市在平均碳排放之下的占多数。

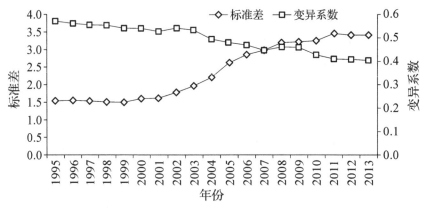

图 5-5　1995—2013 年长三角地区人均碳排放差异变化

表 5-4　1995—2013 年长三角地区人均碳排放时间特征

年份	标准差	变异系数	偏度系数	Moran's I	P
1995	1.528	0.569	1.355	0.434	0.001
1996	1.548	0.560	1.444	0.432	0.001
1997	1.527	0.554	1.751	0.383	0.001
1998	1.508	0.551	1.849	0.372	0.002
1999	1.493	0.539	2.045	0.339	0.003
2000	1.590	0.538	2.173	0.325	0.004
2001	1.618	0.526	2.275	0.296	0.004
2002	1.778	0.539	1.987	0.316	0.003

年份	标准差	变异系数	偏度系数	Moran's I	P
2003	1.958	0.530	1.843	0.342	0.003
2004	2.203	0.493	1.462	0.382	0.001
2005	2.625	0.478	1.342	0.421	0.001
2006	2.856	0.467	1.319	0.446	0.001
2007	2.948	0.447	1.184	0.462	0.001
2008	3.187	0.463	1.253	0.469	0.001
2009	3.217	0.457	1.218	0.472	0.001
2010	3.246	0.425	0.987	0.500	0.001
2011	3.448	0.411	1.044	0.508	0.001
2012	3.419	0.409	1.063	0.510	0.001
2013	3.406	0.407	1.058	0.515	0.001

（4）空间集聚性

利用 GeoDa 1.4.1 计算 1995—2013 年城镇化水平和人均碳排放的全局空间自相关系数 Moran's I（表 5-3 和表 5-4），由表 5-3 可知,1995—2009 年城镇化水平的 Moran's I 均为正且通过了 5% 水平的显著性检验,表明 1995—2009 年期间长三角地区的城镇化水平存在显著的正的空间自相关性。2010—2013 年城镇化水平的 Moran's I 均为正,但未通过 5% 水平的显著性检验,表明 2010—2013 年长三角地区的城镇化水平存在正的空间自相关性但不显著。Moran's I 大致可分为 3 个阶段:1995—2001 年 Moran's I 呈增加趋势,表明该期间长三角地区城镇化水平的空间自相关性增强,即相邻各市的差异减小,城镇化水平

的空间集聚性增强;2001—2010 年 Moran's I 呈降低趋势,表明
其间长三角地区城镇化水平的空间自相关性减弱,即相邻各市
的差异增大,城镇化水平的空间集聚性减弱;2010—2013 年
Moran's I 变化不大,表明其间长三角地区城镇化水平的空间自
相关性较为稳定,即相邻各市的差异变化不大,城镇化水平的空
间集聚性变化不大。

由表 5 - 4 可知,1995—2013 年人均碳排放的 Moran's I 均为
正且通过了 1‰水平的显著性检验,表明 1995—2013 年长三角地
区的人均碳排放存在显著的正的空间自相关性。Moran's I 大致
可分为 2 个阶段:1995—2001 年 Moran's I 呈减小趋势,表明其
间长三角地区人均碳排放的空间自相关性减弱,即相邻各市的
差异增大,人均碳排放的空间集聚性减弱;2001—2013 年
Moran's I 呈增大趋势,表明其间长三角地区人均碳排放的空间
自相关性增强,即相邻各市的差异减小,人均碳排放的空间集聚
性增强。

2. 城镇化与人均碳排放的空间特征分析

(1) 空间分布特征

将城镇化水平、人均碳排放数据与长三角地区矢量数据链
接,在 ArcGIS 10.4 中采用自然断点法将其分为 4 类,得到图 5 - 6
和图 5 - 7。由图 5 - 6 可知,1995 年上海的城镇化水平最高,为
70.825‰,宿迁的城镇化水平最低,为 9.301‰,最高值是最低值的
7.615 倍。城镇化水平较高值分布在上海,较低值分布在宿迁、淮
安、盐城、泰州、绍兴、金华、台州、温州、丽水和衢州。2000 年上海
的城镇化水平仍最高,为 76.617‰,丽水的城镇化水平最低,为

14.136％,最高值是最低值的 5.420 倍。城镇化水平较高值分布在上海和南京,较低值分布在丽水、衢州、绍兴、金华、台州和温州。与 1995 年相比,城镇化水平较高值区扩张,较低值区明显缩小。

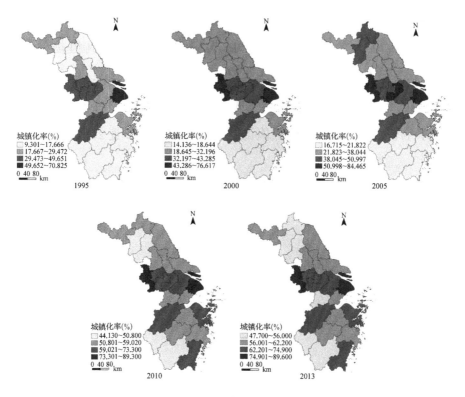

图 5-6　1995—2013 年城镇化水平空间分布

2005 年上海的城镇化水平仍最高,为 84.465％,丽水的城镇化水平仍最低,为 16.715％,最高值是最低值的 5.053 倍。城镇化水平较高值分布在上海、南京和无锡,较低值分布在丽水、衢州、金华、台州和温州。与 2000 年相比,城镇化水平较高值区扩张,多了无锡,较低值区缩小,少了绍兴。2010 年上海的城镇化水平仍最高,为 89.300％,衢州的城镇化水平最低,为 44.130％,

最高值是最低值的 2.024 倍。城镇化水平较高值分布在上海和南京,较低值分布在宿迁、淮安、丽水和衢州。与 2005 年相比,城镇化水平较高值区缩小,少了无锡,较低值区缩小,少了金华、台州和温州,多了宿迁和淮安。2013 年上海的城镇化水平仍最高,为 89.600%,衢州的城镇化水平仍最低,为 47.700%,最高值是最低值的 1.878 倍。城镇化水平较高值分布在上海和南京,较低值分布在宿迁、淮安、连云港、湖州、丽水和衢州。与 2010 年相比,城镇化水平较高值区不变,较低值区扩大,多了湖州和连云港。

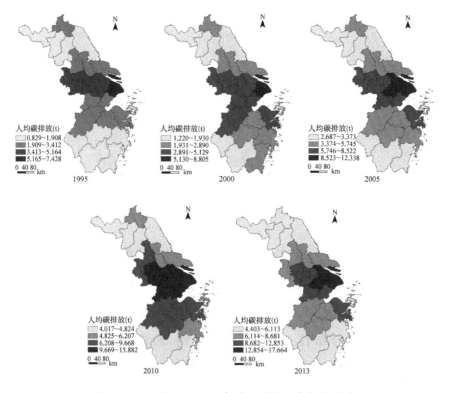

图 5 - 7 1995—2013 年人均碳排放空间分布

由图 5 - 7 可知,1995 年上海的人均碳排放最高,为 7.428 t,

丽水的人均碳排放最低，为 0.829 t，最高值是最低值的 8.960 倍。人均碳排放较高值分布在上海，较低值分布在徐州、宿迁、淮安、盐城、衢州、金华、台州、温州和丽水。2000 年上海的人均碳排放仍最高，为 8.805 t，丽水的人均碳排放仍最低，为 1.220 t，最高值是最低值的 7.217 倍。人均碳排放较高值分布在上海，较低值分布在徐州、宿迁、淮安、盐城、衢州和丽水。与 1995 年相比，人均碳排放较高值区保持不变，较低值区缩小，少了金华、台州和温州。

2005 年上海的人均碳排放仍最高，为 12.338 t，宿迁的人均碳排放最低，为 2.687 t，最高值是最低值的 4.592 倍。人均碳排放较高值分布在上海和苏州，较低值分布在徐州、宿迁、淮安、盐城、衢州、丽水和温州。与 2000 年相比，人均碳排放较高值区扩张，多了苏州，较低值区扩张，多了温州。2010 年苏州的人均碳排放最高，为 15.882 t，宿迁的人均碳排放仍最低，为 4.017 t，最高值是最低值的 3.954 倍。人均碳排放较高值分布在湖州、嘉兴、镇江、常州、无锡、上海和苏州，较低值分布在徐州、宿迁、淮安、盐城、衢州、丽水和温州。与 2005 年相比，人均碳排放较高值区明显扩张，多了湖州、嘉兴、镇江、常州和无锡，较低值区保持不变。2013 年苏州的人均碳排放最高，为 17.664 t，温州的人均碳排放最低，为 4.403 t，最高值是最低值的 4.012 倍。人均碳排放较高值分布在上海和苏州，较低值分布在徐州、宿迁、淮安、盐城、连云港、衢州、丽水、台州和温州。与 2010 年相比，人均碳排放较高值区明显缩小，少了湖州、嘉兴、镇江、常州和无锡，较低值区扩张，多了连云港和台州。

（2）趋势分析

为了深入分析长三角地区城镇化水平和人均碳排放的总体

空间特征,对各市城镇化水平和人均碳排放进行趋势分析得到图 5-8 和图 5-9。由图 5-8 可知,1995 年长三角地区的城镇化水平拟合曲线,在东西向上,自西向东呈上升趋势。在南北向上,呈倒 U 形,表明 1995 年长三角地区城镇化水平,东部高于西部,中部高于北部和南部。2000 年长三角地区的城镇化水平拟合曲线,在东西向上,中部高于东部,西部最低。在南北向上,仍呈倒 U 形,表明与 1995 年相比,2000 年在东西方向上,长三角地区中部的城镇化水平提高相对较快,在南北方向上城镇化水平提高速度基本相同。

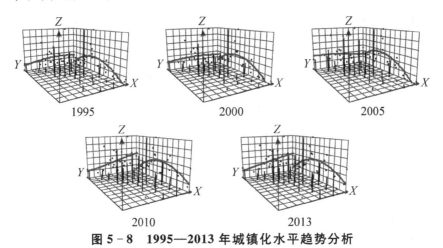

图 5-8 1995—2013 年城镇化水平趋势分析

2005 年长三角地区的城镇化水平拟合曲线,在东西方向上,自西向东呈下降趋势,在南北方向,略呈弧形,表明与 2000 年相比,2005 年在东西方向上,长三角中部和西部地区城镇化水平提高相对较快。2010 年长三角地区的城镇化水平拟合曲线,在东西方向上,自西向东呈增加趋势,在南北方向上,呈倒 U 形,表明与 2005 年相比,2010 年在东西方向上,长三角东部地区城镇化水平提高相对较快,在南北向上,中部和南部提高相对较快。2013 年长三角地区的城镇化水平拟合曲线,在东西方向上,自西向东仍呈增加趋势,在南北方向上,仍呈倒 U 形,表明与 2010 年相比,2013 年城镇化水平的空间格局变化不大。

　　由图 5－9 可知,1995 年长三角地区的人均碳排放拟合曲线,在东西向上,略呈弧形,中部高于东部,东部高于西部。在南北向上,呈倒 U 形,表明 1995 年长三角地区人均碳排放,在东西向上,中部高于东部,东部高于西部,在南北向上,中部高于南部和北部。2000 年长三角地区的人均碳排放拟合曲线,在东西向上,自西向东基本呈增加趋势,在南北向上,仍呈倒 U 形,表明与 1995 年相比,2000 年在东西方向上,长三角地区东部的人均碳排放增加相对较快,在南北方向上人均碳排放增加速度基本相同。

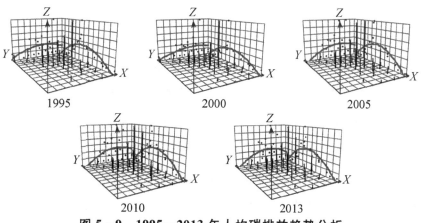

图 5－9　1995—2013 年人均碳排放趋势分析

　　2005 年长三角地区的人均碳排放拟合曲线,在东西方向上,自西向东基本呈增加趋势,中部地区高于东部和西部,在南北方向,仍呈倒 U 形,表明与 2000 年相比,2005 年长三角中部地区人均碳排放增加速度相对较快。2010 年长三角地区的人均碳排放拟合曲线基本与 2005 年的相同,表明 2005—2010 年长三角地区的人均碳排放空间格局相对稳定。2013 年长三角地区的人均碳排放拟合曲线,在东西方向上,略呈倒 U 形,在南北方向上,仍呈倒 U 形,表明与 2010 年相比,在东西方向上,2013 年长三角东部地区人均碳排放增长相对较慢。在南北方向上,人均碳排放增长速度相对变化不大。

(3)重心演化轨迹分析

为探索长三角地区城镇化水平与人均碳排放在空间上的偏移趋势,利用 ArcGIS 10.4 计算 1995—2013 年长三角地区城镇化水平与人均碳排放重心,并绘制重心转移图(图 5 - 10 和图 5 - 11)。由图 5 - 10 和表 5 - 5 可知,1995—2013 年,城镇化水平重心主要分布在苏州、无锡和常州。1999 年、2000 年、2003 年和 2007 年长三角地区城镇化水平重心实际移动距离较大,均大于 5 km。1999 年和 2000 年向西北分别移动了 5.581 km 和 6.095 km,可能是受亚洲金融危机的影响,长三角东南部地区社会经济发展速度相对减慢,同时城镇化水平提高速度相对降低,而长三角西北部地区的城镇化水平提高相对较快。2003 年,向西北移动了 6.015 km,可能是"非典"的爆发对长三角地区社会经济产生了重大影响,尤其是东南部地区受"非典"影响较大。2007 年实际移动距离最大,向东南移动了 47.732 km,可能是沪杭甬产业带的深度开发,带来了城镇化人口增加,进而引起了长三角东南部地区城镇化水平提高相对较快。1995—2013 年的长三角地区城镇化水平重心虽然多数年份向西北移动,但 2007 年向东南移动距离最大,为 47.732 km,总体上向东南移动。依据城镇化水平重心转移方向,大致可分为 4 个阶段:1996—1998 年重心向东南移动了 1.927 km;1999—2005 年向西北移动了 24.426 km;2006—2007 年向东南移动了 48.133 km;2008—2013 年向西北移动了 10.600 km。1996 年实际移动距离最小,向西北移动了 0.336 km。除 2012 年外,东西向移动距离均小于南北向移动距离,因此,城镇化水平重心移动是以南北向为主,东西向为辅。

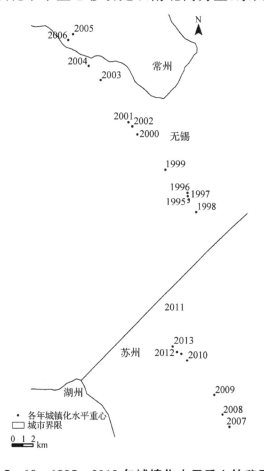

图 5-10　1995—2013 年城镇化水平重心转移图

表 5-5　1996—2013 年城镇化水平重心转移距离与方向

年份	东西向移动距离(km)	南北向移动距离(km)	实际移动距离(km)	移动方向
1996	−0.032	0.334	0.336	西北
1997	0.168	−0.701	0.721	东南
1998	0.787	−1.325	1.541	东南
1999	−3.310	4.493	5.581	西北
2000	−3.074	5.263	6.095	西北
2001	−0.980	1.305	1.632	西北
2002	0.427	−0.433	0.608	东南
2003	−3.430	4.942	6.015	西北
2004	−1.321	1.488	1.989	西北
2005	−1.708	3.367	3.776	西北
2006	−0.517	−0.632	0.816	西南
2007	17.656	−44.346	47.732	东南
2008	−0.773	1.321	1.531	西北
2009	−0.933	2.070	2.271	西北
2010	−2.998	3.670	4.739	西北
2011	−0.612	0.715	0.941	西北
2012	−0.461	0.200	0.502	西北
2013	−0.467	0.589	0.752	西北

由图 5-11 和表 5-6 可知,1995—2013 年,长三角地区人均碳排放重心主要分布在苏州和无锡。1996 年、2001 年、2005年和 2011 年长三角地区人均碳排放重心实际移动距离较大,均大于 5 km。1996 年和 2001 年向东南分别移动了 5.731 km 和6.007 km,2005 年和 2011 年向西北分别移动了 6.664 km 和5.061 km,经以上分析,人均碳排放重心出现大的移动基本以 5年为周期,这可能与我国实施的"五年计划"有密切关系[194]。依据

人均碳排放重心转移方向,大致可分为 3 个阶段:1996—2002 年重心主要向东南移动,移动距离为 23.716 km;2003—2009 年向西南、西北、东南和东北均有移动,总体上向西北移动了 3.723 km;2010—2013 年重心向西北移动了 9.521 km。除 2004 年、2006 年和 2010 年外,东西向移动距离均小于南北向移动距离,因此,人均碳排放重心移动是以南北向为主,东西向为辅。

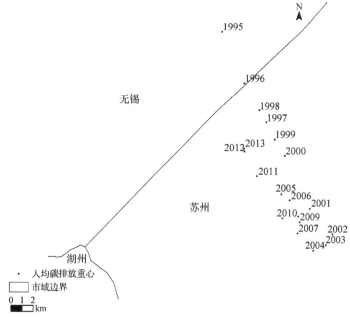

图 5 - 11　1995—2013 年人均碳排放重心转移图

表 5 - 6　1996—2013 年人均碳排放重心转移距离与方向

年份	东西向 移动距离(km)	南北向 移动距离(km)	实际移动 距离(km)	移动方向
1996	2.300	−5.250	5.731	东南
1997	2.347	−3.971	4.613	东南
1998	−0.724	1.227	1.424	西北

年份	东西向移动距离(km)	南北向移动距离(km)	实际移动距离(km)	移动方向
1999	1.603	−3.009	3.409	东南
2000	1.045	−1.651	1.954	东南
2001	2.621	−5.405	6.007	东南
2002	2.437	−2.610	3.571	东南
2003	−0.702	−1.101	1.305	西南
2004	−1.378	−0.585	1.497	西南
2005	−3.331	5.772	6.664	西北
2006	0.853	−0.616	1.052	东南
2007	0.837	−3.381	3.483	东南
2008	0.053	1.734	1.735	东北
2009	0.157	−0.584	0.605	东南
2010	−1.788	0.401	1.832	西北
2011	−2.704	4.278	5.061	西北
2012	−1.296	2.535	2.847	西北
2013	−0.051	0.306	0.310	西北

（4）空间关联类型分析

为揭示长三角地区城镇化水平和人均碳排放的空间关联性,利用 GeoDa 1.4.1 测算各市城镇化水平和人均碳排放的 Local Moran's I_i,在 ArcGIS 10.4 中进行可视化表达,得到城镇化水平和人均碳排放空间关联类型图（图 5 - 12 和图 5 - 13）。由图 5 - 12 可知,1995 年长三角地区可分为 4 种类型:① 本市与相邻市均比平均城镇化水平高,即 HH 类型的市有 7 个,占市域总数的 28%,主要分布在长三角地区中部,包括上海、苏州、无锡、常州、南京、镇江和南通。② 本市与相邻市均比平均城镇化

水平低,即 LL 类型的市有 13 个,占市域总数的 52%,主要分布
在苏北地区和浙江中南部地区,包括连云港、徐州、淮安、宿迁、
盐城、舟山、宁波、绍兴、金华、衢州、台州、丽水、温州。通常情况
下,HH 类型和 LL 类型的市数量越多,空间集聚性越强。HH
类型和 LL 类型的市数量为 20,占市域总数的 80%,且在空间上
呈集聚连片分布,表明城镇化水平的局域空间自相关性较强。
③ 本市的城镇化水平比平均值低,但其相邻市比平均值高,即
LH 类型的市数量为 4,占市域总数的 16%,包括扬州、泰州、嘉
兴和湖州。④ 本市的城镇化水平比平均值高,但其相邻市比平
均值低,即 HL 类型的市仅有杭州,占市域总数的 4%。

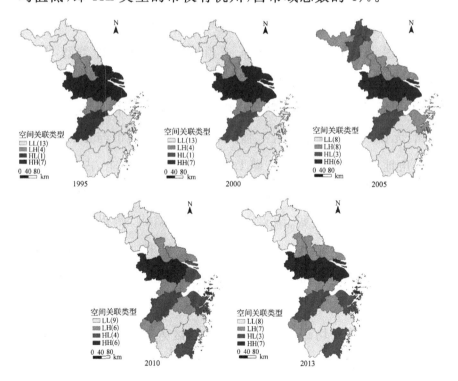

图 5-12　1995—2013 年城镇化水平空间关联类型

2000 年城镇化水平的空间关联类型图与 1995 年相同,表明 1995—2000 年城镇化水平的空间关联类型较为稳定。与 2000 相比,2005 年南通由 HH 类型转变为 LH 类型,徐州、淮安和宁波由 LL 类型转变为 LH 类型,连云港和宿迁由 LL 类型转变为 HL 类型。与 2005 年相比,2010 年上海由 HH 类型转变为 HL 类型,绍兴与衢州由 LL 类型转变为 LH 类型,温州由 LL 类型转变为 HL 类型,舟山由 LL 类型转变为 HH 类型,徐州、淮安、扬州由 LH 类型转变为 LL 类型,宁波由 LH 类型转变为 HL 类型,连云港和宿迁由 HL 类型转变为 LL 类型。与 2010 年相比,2013 年扬州由 LL 类型转变为 LH 类型,上海由 HL 类型转变为 HH 类型,2010—2013 年城镇化水平空间关联类型变化不大。

由图 5-13 可知,1995 年长三角地区可分为 4 种类型:① 本市与相邻市均比长三角地区人均碳排放高,即 HH 类型的市有 8 个,占市域总数的 32%,主要分布在长三角地区中部,包括上海、苏州、无锡、常州、南京、镇江、嘉兴和湖州。② 本市与相邻市均比长三角地区人均碳排放低,即 LL 类型的市有 11 个,占市域总数的 44%,主要分布在苏北地区和浙江中南部地区,包括连云港、徐州、宿迁、淮安、盐城、绍兴、金华、台州、温州、衢州和丽水。通常情况下,HH 类型和 LL 类型的市数量越多,空间集聚性越强。HH 类型和 LL 类型的市数量为 19,占市域总数的 76%,且在空间上呈集聚连片分布,表明人均碳排放的局域空间自相关性较强。③ 本市的人均碳排放比长三角地区人均碳排放低,但其相邻市比长三角地区人均碳排放高,即 LH 类型的市数量为 3,占市域总数的 12%,包括南通、泰州和舟山。④ 本市的人均碳排放比长三角地区人均碳排放高,但其相邻市比长三角地区人均碳排放低,即 HL 类型的市数量为 3,占市域总数的 12%,包括扬州、宁波和杭州。

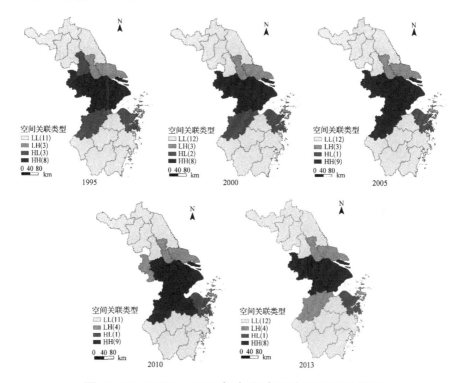

图 5－13　1995—2013 年人均碳排放空间关联类型

与 1995 年相比,2000 年仅扬州由 HL 类型转变为 LL 类型,其他地市类型保持不变。与 2000 年相比,2005 年仅杭州由 HL 类型转变为 HH 类型,其他地市类型保持不变。与 2005 年相比,2010 年南京由 HH 类型转变为 LH 类型,绍兴由 LL 类型转变为 HH 类型。与 2010 年相比,2013 年南京由 LH 类型转变为 HH 类型,绍兴由 HH 类型转变为 LL 类型,杭州由 HH 类型转变为 LH 类型。经以上分析可知,1995—2013 年长三角地区人均碳排放空间关联类型相对稳定。

（5）高值密集区与低值密集区分析

为深入分析长三角地区城镇化水平和人均碳排放相邻研究单元间的空间自相关性，利用 GeoDa 1.4.1 测算 1995 年、2000 年、2005 年、2010 年和 2013 年长三角地区各地市城镇化水平和人均碳排放的 LISA，并在 $P<0.05$ 的显著性水平下，绘制城镇化水平和人均碳排放的 LISA 集聚图（图 5-14 和图 5-15）。

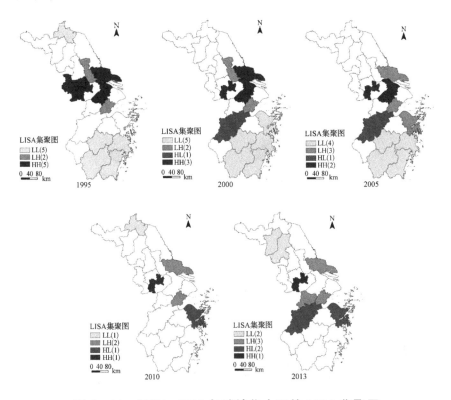

图 5-14 1995—2013 年城镇化水平的 LISA 集聚图

由图 5-14 可知，1995 年城镇化水平高值密集区分布在南京、镇江、常州、苏州和南通，低值密集区分布在连云港、台州、金华、丽水和温州。与1995年相比,2000年高值密集区缩小,南京和镇江退出高值密集区,低值密集区数量保持不变,连云港退出低值密集区,宁波成为低值密集区。与2000年相比,2005年高值密集区缩小,南通退出高值密集区,低值密集区也缩小,宁波退出低值密集区。与2005年相比,2010年高值密集区和低值密集区均缩小,仅常州为高值密集区,连云港为低值密集区。与2010年相比,2013年高值密集区保持不变,低值密集区扩张,分布在宿迁和淮安。经以上分析可知,1995—2013年高值密集区和低值密集区均呈缩小趋势。

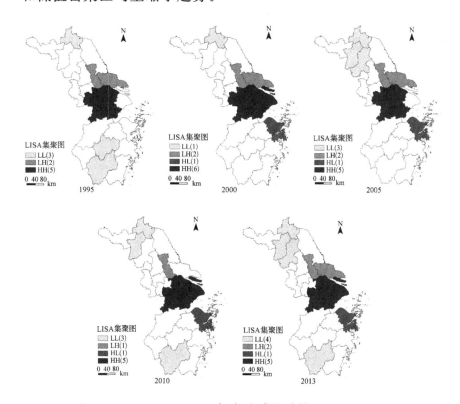

图 5 - 15　1995—2013 年人均碳排放的 LISA 集聚图

由图 5－15 可知,1995 年人均碳排放高值密集区分布在常州、无锡、苏州、嘉兴和湖州,低值密集区分布在连云港、金华和丽水。与 1995 年相比,2000 年高值密集区扩张,上海成为高值密集区。低值密集区缩小,金华和丽水退出低值密集区。与 2000 年相比,2005 年高值密集区缩小,上海退出高值密集区。低值密集区扩张,宿迁和淮安成为低值密集区。与 2005 年相比,2010 年高值密集区和低值密集区数量不变,但上海成为高值密集区,而常州退出高值密集区,丽水成为低值密集区,淮安退出低值密集区。与 2010 年相比,2013 年高值密集区保持不变,低值密集区扩张,淮安成为低值密集区。经以上分析可知,高值密集区主要分布在长三角中部地区,低值密集区主要分布在苏北地区和浙西南地区。

(6) 时空动态分析

为研究长三角地区城镇化水平和人均碳排放的局部空间结构与时空依赖关系,测算 1995—2013 年城镇化水平和人均碳排放 LISA 时间路径的长度和弯曲度(图 5－16 和图 5－17)。由图 5－16(a)可知,LISA 时间路径的长度较高值主要分布在无锡和宿迁,说明以上地区具有更加动态的局部空间结构。宿迁 LISA 时间路径的长度值最大,为 2.554,说明宿迁局部空间结构的动态性最强,城镇化水平变化最大。金华 LISA 时间路径的长度值最小,为 0.441,表明金华局部空间结构最稳定,城镇化水平变化最小。

由图 5－16(b)可知,LISA 时间路径的弯曲度较高值主要分布在宿迁和无锡。无锡的弯曲度最大,为 17.934,说明无锡在空间依赖方向上具有最强的波动性,在城镇化水平变化过程中,无锡及其相邻市域的波动性较强。温州的弯曲度最小,为 1.136,

说明温州在空间依赖方向上的稳定性最强。

　　根据长三角地区各市在 1995 年和 2013 年城镇化水平 Moran 散点图中的坐标,分析各市的移动方向。根据移动方向将其分为 4 类:0°～90°方向表示本市域及其相邻市域的城镇化水平均保持高增长(相对于长三角地区城镇化水平,下同),呈正向协同增长;90°～180°方向表示本市域保持低增长,相邻市域保持高增长;180°～270°方向表示本市域及其相邻市域均保持低增长,呈负向协同增长[196];270°～360°方向表示本市域保持高增长,相邻市域保持低增长。0°～90°与 180°～270°两方向表明本市域与相邻市域呈整合的空间动态性特征[167]。由图 5－16(c)可知,本市域及其相邻市域协同增长的市数为 16,占市域总数的64%,说明长三角地区城镇化水平空间格局演化的整合性较强。其中,正向协同增长的市数为 5,包括舟山、绍兴、台州、金华和温州。负向协同增长的市数为 11,包括连云港、徐州、宿迁、淮安、盐城、扬州、镇江、南京、常州、无锡和上海。

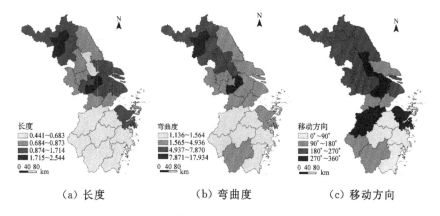

|（a）长度|（b）弯曲度|（c）移动方向|

图 5－16　城镇化水平 LISA 时间路径

由图 5－17(a)可知,LISA 时间路径的长度较高值主要分布在苏州和上海,表明以上地区具有更加动态的局部空间结构。上海 LISA 时间路径的长度值最大,为 2.091,表明上海局部空间结构的动态性最强,人均碳排放变化最大。淮安 LISA 时间路径的长度值最小,为 0.492,表明淮安局部空间结构最稳定,人均碳排放变化最小。

由图 5－17(b)可知,LISA 时间路径的弯曲度较高值主要分布在扬州、绍兴和台州。台州的弯曲度最大,为 9.725,说明台州在空间依赖方向上具有最强的波动性,在人均碳排放变化过程中,台州及其相邻市域的波动性较强。连云港的弯曲度最小,为 1.921,说明连云港在空间依赖方向上的稳定性最强。

由图 5－17(c)可知,本市域及其相邻市域协同增长的市数为 11,占市域总数的 44%,说明长三角地区人均碳排放空间格局演化的整合性较弱。其中,正向协同增长的市数为 7,包括无锡、湖州、舟山、绍兴、金华、台州和丽水。负向协同增长的市数为 4,包括连云港、徐州、扬州和南通。

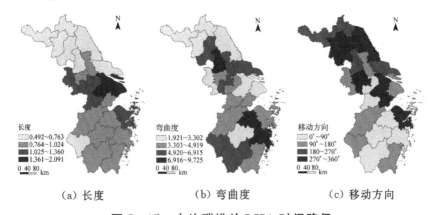

（a）长度　　　　　（b）弯曲度　　　　　（c）移动方向

图 5－17　人均碳排放 LISA 时间路径

　　为进一步研究城镇化与人均碳排放 Local Moran's I_i 的时空演化特征,采用时空跃迁分析法探索长三角地区城镇化与人均碳排放的时空演化规律(表 5−7 和表 5−8)。由表 5−7 可知,转移概率矩阵对角线上的最小值为 0.841,表示 HL 类型保持不变的概率最小,为 84.1%,其他类型保持不变的概率均高于 84.1%,表明城镇化水平局部空间结构较为稳定。不同类型间转移的概率较小,其中,最大值为 0.091,即 HL 类型转换为 LL 类型的概率为 9.1%。类型 0 的概率最大,为 92.7%,表明 1995—2013 年本市城镇化水平与相邻市均未发生类型改变的概率为 92.7%,说明城镇化水平空间关联较为稳定。类型 I、类型 II 和类型 III 跃迁的概率分别为 3.1%、3.3% 和 0.9%。从跃迁类型的概率可知,市域自身因素决定了城镇化水平类型的改变。

表 5−7　1995—2013 年长三角地区城镇化水平的转移概率矩阵

t\t+1	HH	LH	LL	HL
HH	0.936	0.024	0.008	0.032
LH	0.022	0.946	0.033	0.000
LL	0.016	0.026	0.931	0.026
HL	0.068	0.000	0.091	0.841

　　由表 5−8 可知,转移概率矩阵对角线上的最小值为 0.844,表示 HL 类型保持不变的概率最小,为 84.4%,其他类型保持不变的概率均高于 84.4%,表明人均碳排放局部空间结构较为稳定。不同类型间转移的概率较小,其中,最大值为 0.094,即 HL

类型转换为 HH 类型的概率为 9.4%。类型 0 的概率最大,为 96%,表明 1995—2013 年本市与相邻市人均碳排放均未发生类型改变的概率为 96%,说明人均碳排放空间关联较为稳定。类型 I、类型 II 和类型 III 跃迁的概率分别为 1.6%、1.3% 和 1.1%。从跃迁类型的概率可知,市域自身因素决定了人均碳排放类型的改变。

表 5-8　1995—2013 年长三角地区人均碳排放的转移概率矩阵

t\t+1	HH	LH	LL	HL
HH	0.954	0.013	0.020	0.013
LH	0.034	0.966	0.000	0.000
LL	0.010	0.005	0.981	0.005
HL	0.094	0.000	0.063	0.844

二、城镇化与人均碳排放时空耦合分析

1. 城镇化与人均碳排放耦合协调度时空特征分析

(1) 耦合协调度总体特征

由图 5-18 可知,耦合度与耦合协调度总体上均呈增加趋势,表明城镇化与人均碳排放的相互作用程度总体上呈增强趋势。耦合度均大于 0.991,表明 1995—2013 年长三角地区城镇化与人均碳排放处于耦合阶段。耦合协调度类型由高协调转换为极协调。1995—2013 年耦合协调度大体可分为 2 个阶段:1995—2004 年,处于高协调阶段;2005—2013 年,处于极协调阶段。

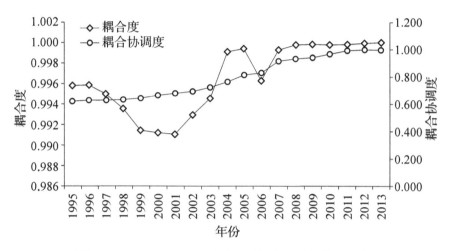

**图 5 - 18　1995—2013 年长三角地区城镇化水平与
人均碳排放耦合度和耦合协调度**

　　将长三角地区各市城镇化水平与碳排放的耦合协调度数据
与其 GIS 图形矢量数据链接,在 ArcGIS 10.4 中利用手动分类
法,将其分为 3 类(图 5 - 19)。由图 5 - 19 可知,1995 年,淮安、
宿迁、盐城、舟山、衢州、台州、金华、丽水和温州处于中协调阶
段,连云港、徐州、扬州、镇江、泰州、南京、常州、无锡、苏州、南
通、嘉兴、湖州、绍兴、杭州和宁波处于高协调阶段,上海处于极
协调阶段。

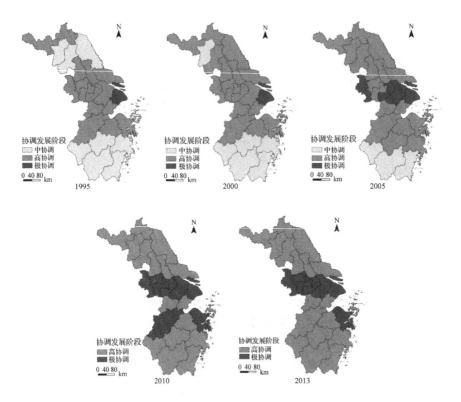

**图 5-19　1995—2013 年长三角地区城镇化水平与
人均碳排放耦合协调度空间分布**

　　2000 年,宿迁、衢州、台州、金华、丽水和温州处于中协调阶段,连云港、徐州、淮安、盐城、扬州、镇江、泰州、南京、常州、无锡、苏州、南通、嘉兴、湖州、舟山、绍兴、杭州和宁波处于高协调阶段,上海仍处于极协调阶段。与 1995 年相比,2000 年处于中协调阶段的城市数量减少,处于高协调阶段的城市数量增加,处于极协调阶段的城市数量不变。其中,淮安、盐城和舟山由中协调阶段转换为高协调阶段。

　　2005 年,衢州、丽水和温州处于中协调阶段,连云港、徐州、淮安、宿迁、盐城、扬州、镇江、泰州、常州、南通、嘉兴、湖州、舟山、绍兴、杭州、宁波、台州和金华处于高协调阶段,南京、无锡、苏州和上海处于极协调阶段。与 2000 年相比,2005 年处于中协调阶段的城市数量减少,处于高协调阶段的城市数量不变,处于极协调阶段的城市数量增加。其中,宿迁、台州和金华由中协调阶段转换为高协调阶段,南京、无锡和苏州由高协调阶段转换为极协调阶段。

2010 年,连云港、徐州、淮安、宿迁、盐城、扬州、泰州、南通、嘉兴、湖州、舟山、绍兴、衢州、台州、金华、丽水和温州处于高协调阶段,南京、镇江、常州、无锡、苏州、上海、杭州和宁波处于极协调阶段。与 2005 年相比,2010 年仅存在高协调阶段和极协调阶段,处于高协调阶段的城市数量减少,处于极协调阶段的城市数量增加。其中,衢州、丽水和温州由中协调阶段转换为高协调阶段,镇江、常州、杭州和宁波由高协调阶段转换为极协调阶段。

2013 年,连云港、徐州、淮安、宿迁、盐城、扬州、泰州、南通、嘉兴、湖州、舟山、绍兴、杭州、衢州、台州、金华、丽水和温州处于高协调阶段,镇江、南京、常州、无锡、苏州、上海和宁波处于极协调阶段。与 2010 年相比,仅杭州由极协调阶段转换为高协调阶段,其他地市所处协调发展阶段不变。

经以上分析可知,1995—2013 年各市的耦合协调度总体上呈增加趋势,除 2013 年杭州由极协调阶段转换为高协调阶段外,其他地市的耦合协调度均呈增加趋势,且所处协调发展阶段均是在相邻类型间转换,表明各市的耦合协调度呈平稳增加趋势。

（2）耦合协调度趋势分析

为了深入分析长三角地区城镇化水平和人均碳排放耦合协

调度的总体空间特征,对各市城镇化水平和人均碳排放耦合协调度进行趋势分析得到图 5－20。由图 5－20 可知,1995 年长三角地区的耦合协调度拟合曲线,在东西向上,略呈弧形。在南北向上,呈倒 U 形,表明 1995 年长三角地区耦合协调度,在东西向上,东部高于西部,在南北向上,中部高于北部和南部。2000 年和 2005 年长三角地区的耦合协调度拟合曲线基本与 1995 年相同,表明 1995—2005 年耦合协调度的空间格局较为稳定。2010年长三角地区的耦合协调度拟合曲线,在东西向上,略呈倒 U形,东部地区的耦合协调度低于中部地区,在南北向上,仍呈倒U 形。与 2010 年相比,2013 年长三角地区的耦合协调度拟合曲线,在东西向上,倒 U 形趋势增强,表明东部地区的耦合协调度低于中部地区的趋势增强。在南北向上,仍呈倒 U 形,变化不大,表明在南北向上耦合协调度空间格局相对稳定。

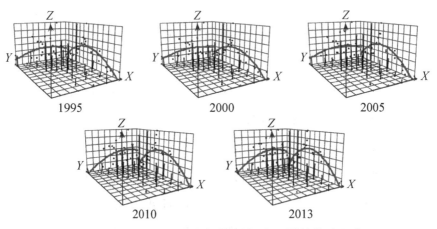

图 5－20　1995—2013 年长三角地区城镇化水平与
人均碳排放耦合协调度趋势分析图

（3）耦合协调度的绝对差异与相对差异均呈波动减小趋势

由图 5 - 21 和表 5 - 9 可知,以标准差测度的耦合协调度绝对差异呈波动减小趋势,1995 年标准差最大,为 0.150,2013 年最小,为 0.094。标准差大致可分为 3 个阶段:1995—2000 年标准差呈下降趋势,表明耦合协调度绝对差异呈下降趋势;2000—2008 年标准差呈波动变化趋势,表明耦合协调度绝对差异波动变化;2008—2013 年标准差呈下降趋势,表明耦合协调度绝对差异减小。以变异系数测度的城镇化水平相对差异总体呈波动减小趋势,1995 年变异系数最大,为 0.262,2013 年最小,为 0.125。变异系数的变化趋势与标准差的基本一致,表明耦合协调度的相对差异与绝对差异变化趋势基本一致。耦合协调度的偏度系数均为正,长三角地区城镇化水平与人均碳排放耦合协调度呈右偏态,表明长三角地区各市在平均耦合协调度之下的占多数。

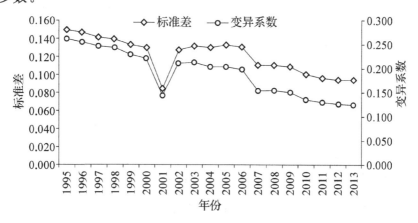

图 5 - 21　1995—2013 年长三角地区城镇化水平与
人均碳排放耦合协调度差异变化

表 5-9　1995—2013 年长三角地区城镇化水平与
人均碳排放耦合协调度时间特征

年份	标准差	变异系数	偏度系数	Moran's I	P
1995	0.150	0.262	1.014	0.426	0.001
1996	0.147	0.256	1.043	0.436	0.001
1997	0.141	0.247	1.158	0.415	0.003
1998	0.140	0.243	1.199	0.415	0.002
1999	0.133	0.229	1.378	0.404	0.003
2000	0.130	0.221	1.397	0.405	0.003
2001	0.084	0.144	0.477	0.406	0.002
2002	0.128	0.213	1.367	0.385	0.004
2003	0.132	0.214	1.162	0.390	0.004
2004	0.130	0.204	1.070	0.395	0.003
2005	0.133	0.204	0.942	0.406	0.002
2006	0.131	0.199	0.940	0.417	0.002
2007	0.111	0.154	0.641	0.442	0.001
2008	0.111	0.155	0.701	0.453	0.001
2009	0.109	0.151	0.692	0.461	0.001
2010	0.100	0.135	0.626	0.459	0.001
2011	0.096	0.129	0.627	0.469	0.001
2012	0.095	0.127	0.623	0.479	0.001
2013	0.094	0.125	0.638	0.488	0.001

（4）空间自相关性分析

利用 GeoDa 1.4.1 计算 1995—2013 年城镇化水平和人均碳排放耦合协调度的全局空间自相关系数 Moran's I（表 5-9）。由表 5-9 可知,1995—2013 年耦合协调度的 Moran's I 均为正且通过了 1% 水平的显著性检验,表明 1995—2013 年长三角地区的耦合协调度存在显著的正的空间自相关性。Moran's I 大致可分为 2 个阶段:1995—2002 年 Moran's I 呈波动变化趋势,表明其间长三角地区耦合协调度的空间自相关性波动变化;2002—2013 年 Moran's I 呈增加趋势,表明其间长三角地区耦合协调度的空间自相关性增强,即相邻各市的差异减小,耦合协调度的空间集聚性增强。

为揭示长三角地区城镇化水平和人均碳排放耦合协调度的空间关联性,利用 GeoDa 1.4.1 测算各市城镇化水平和人均碳排放耦合协调度的 Local Moran's I_i,在 ArcGIS 10.4 中进行可视化表达,得到城镇化水平和人均碳排放耦合协调度空间关联类型图(图 5 - 22)。由图 5 - 22 可知,1995 年长三角地区可分为 4 种类型:① 本市与相邻市均比平均耦合协调度高,即 HH 类型的市有 10 个,占市域总数的 40%,主要分布在长三角地区中部,包括扬州、镇江、南京、常州、无锡、苏州、嘉兴、湖州、南通和上海。② 本市与相邻市均比平均耦合协调度低,即 LL 类型的市有 11 个,占市域总数的 44%,主要分布在苏北地区和浙江中南部地区,包括连云港、徐州、宿迁、淮安、盐城、绍兴、衢州、台州、金华、丽水和温州。通常情况下,HH 类型和 LL 类型的市数量越多,空间集聚性越强。HH 类型和 LL 类型的市数量为 21,占市域总数的 84%,且在空间上呈集聚连片分布,表明耦合协调度的局域空间自相关性较强。③ 本市耦合协调度比平均值低,但其相邻市比平均值高,即 LH 类型的市数量为 2,占市域总数的 8%,包括泰州和舟山。④ 本市耦合协调度比平均值高,但其相邻市比平均值低,即 HL 类型的市数量为 2,占市域总数的 8%,

包括杭州和宁波。

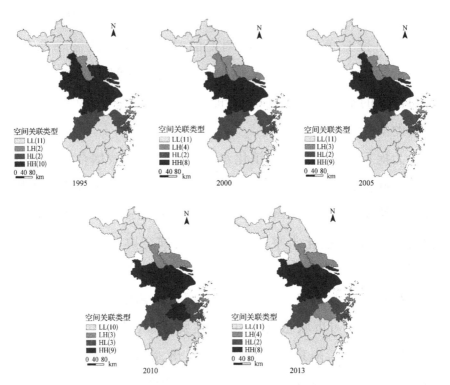

图 5 - 22 1995—2013 年长三角地区城镇化水平与
人均碳排放耦合协调度空间关联类型图

与 1995 年相比,2000 年扬州和南通由 HH 类型转换为 LH
类型,其他地市空间关联类型不变,表明 1995—2000 年耦合协
调度的空间关联类型较为稳定。与 2000 年相比,2005 年仅扬州
由 LH 类型转换为 HH 类型。与 2005 年相比,2010 年扬州由
HH 类型转换为 LL 类型,绍兴由 LL 类型转换为 HH 类型,金
华由 LL 类型转换为 HL 类型。与 2010 年相比,2013 年绍兴由
HH 类型转换为 LH 类型,金华由 HL 类型转换为 LL 类型。经
以上分析可知,1995—2013 年耦合协调度空间关联类型变化不

大,各市的耦合协调度的空间关联较为稳定。

为深入分析长三角地区城镇化水平和人均碳排放耦合协调度相邻研究单元间的空间自相关性,利用 GeoDa 1.4.1 测算 1995 年、2000 年、2005 年、2010 年和 2013 年长三角地区各地市城镇化水平和人均碳排放耦合协调度的 LISA,并在 $P<0.05$ 的显著性水平下,绘制城镇化水平和人均碳排放耦合协调度的 LISA 集聚图(图 5-23)。由图 5-23 可知,1995 年耦合协调度高值密集区分布在常州、无锡、苏州、南通、嘉兴和湖州,低值密集区分布在连云港、台州、丽水和温州。

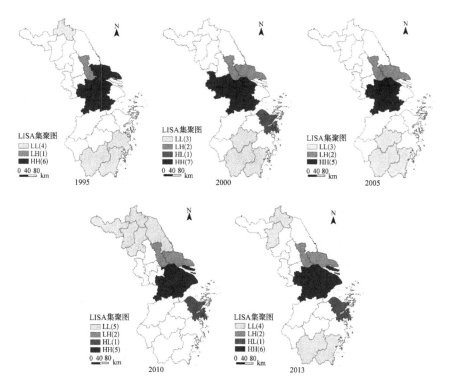

**图 5-23 1995—2013 年长三角地区城镇化水平与
人均碳排放耦合协调度的 LISA 集聚图**

2000 年耦合协调度高值密集区分布在南京、镇江、常州、无锡、苏州、嘉兴和湖州,低值密集区分布在金华、丽水和温州。与 1995 年相比,2000 年高值密集区数量增加,南京和镇江转换为高值密集区,南通退出高值密集区。低值密集区数量减少,金华转换为低值密集区,连云港和台州退出低值密集区。2005 年耦合协调度高值密集区分布在常州、无锡、苏州、嘉兴和湖州,低值密集区分布在金华、丽水和温州。与 2000 年相比,高值密集区缩小,南京和镇江退出高值密集区,低值密集区相同。2010 年耦合协调度高值密集区分布在无锡、苏州、上海、嘉兴和湖州,低值密集区分布在连云港、徐州、宿迁、淮安和盐城。与 2005 年相比,高值密集区数量保持不变,上海转换为高值密集区,常州退出高值密集区。低值密集区数量增加,其空间分布与 2005 年完全不同,由浙西南地区变为苏北地区。

2013 年耦合协调度高值密集区分布在常州、无锡、苏州、上海、嘉兴和湖州,低值密集区分布在连云港、宿迁、丽水和温州。与 2010 年相比,高值密集区数量增加,常州转换为高值密集区。低值密集区数量减少,徐州、淮安和盐城退出低值密集区,丽水和温州成为低值密集区。经以上分析可知,1995—2013 年耦合协调度高值密集区和低值密集区的数量变化不大,高值密集区空间分布相对集中且稳定,主要分布在长三角中部地区。低值密集区的空间分布变化较大,主要分布在浙南地区和苏北地区。

为研究长三角地区城镇化水平和人均碳排放耦合协调度

的局部空间结构与时空依赖关系,测算 1995—2013 年城镇化水平和人均碳排放耦合协调度 LISA 时间路径的长度和弯曲度(图 5 - 24)。由图 5 - 24(a)可知,LISA 时间路径的长度较高值主要分布在无锡、南京、丽水、宿迁和上海,说明以上地区具有更加动态的局部空间结构。上海 LISA 时间路径的长度值最大,为 1.945,说明上海局部空间结构的动态性最强,耦合协调度变化最大。扬州 LISA 时间路径的长度值最小,为 0.448,表明扬州局部空间结构最稳定,耦合协调度变化最小。

由图 5 - 24(b)可知,LISA 时间路径的弯曲度较高值主要分布在泰州、杭州、淮安、常州和丽水。丽水的弯曲度最大,为 17.837,说明丽水在空间依赖方向上具有最强的波动性,在城镇化水平与人均碳排放相互作用过程中,丽水及其相邻市域的波动性较强。苏州的弯曲度最小,为 2.145,说明苏州在空间依赖方向上的稳定性最强。

由图 5 - 24(c)可知,本市域及其相邻市域协同增长的市数为 13,占市域总数的 52%,说明长三角地区耦合协调度空间格局演化的整合性较弱。其中,正向协同增长的市数为 9,包括泰州、无锡、嘉兴、湖州、舟山、绍兴、台州、金华和丽水。负向协同增长的市数为 4,包括连云港、徐州、淮安和扬州。

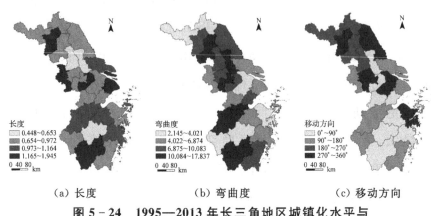

（a）长度　　　　　　　（b）弯曲度　　　　　　（c）移动方向

**图 5 - 24　1995—2013 年长三角地区城镇化水平与
人均碳排放耦合协调度 LISA 时间路径**

为进一步研究城镇化与人均碳排放耦合协调度 Local Moran's I_i 的时空演化特征,采用时空跃迁分析法探索长三角地区城镇化与人均碳排放耦合协调度的时空演化规律(表 5 - 10)。由表 5 - 10 可知,转移概率矩阵对角线上的最小值为 0.897,表示 HL 类型保持不变的概率最小,为 89.7%,其他类型保持不变的概率均高于 89.7%,表明耦合协调度局部空间结构较为稳定。不同类型间转移的概率较小,其中,最大值为 0.051,即 HL 类型转换为 HH 类型或 LL 类型的概率均为 5.1%。类型 0 的概率最大,为 96.7%,表明 1995—2013 年本市与相邻市耦合协调度均未发生类型改变的概率为 96.7%,说明耦合协调度空间关联较为稳定。类型Ⅰ、类型Ⅱ和类型Ⅲ跃迁的概率分别为 1.6%、1.6%和 0.2%。从跃迁类型的概率可知,市域自身因素决定了耦合协调度类型的改变。

表 5 - 10　1995—2013 年长三角地区城镇化水平与
人均碳排放耦合协调度的转移概率矩阵

t\t+1	HH	LH	LL	HL
HH	0.963	0.018	0.000	0.018
LH	0.018	0.964	0.018	0.000
LL	0.005	0.005	0.984	0.005
HL	0.051	0.000	0.051	0.897

（5）动态演进特征

为了较为详细地分析长三角地区城镇化水平与人均碳排放耦合协调度的动态演进特征，使用核密度研究它们的动态分布特征，选择常用的 Epanechnikov 函数，选取 1995 年、2000 年、2005 年、2010 年和 2013 年 5 个时间截面数据，绘制核密度图（图 5 - 25）。图 5 - 25 表示 1995—2013 年城镇化水平与人均碳排放耦合协调度核密度估计，由密度分布曲线的平移情况可知，耦合协调度的密度分布曲线呈明显的向右平移，表明 1995—2013 年长三角地区各市的耦合协调度不断提高，城镇化与人均碳排放相互作用程度不断增强。耦合协调度呈"右偏"，说明存在少数耦合协调度相对较高市。从密度分布曲线的峰度变化可知，在 1995—2013 年，长三角地区各市耦合协调度核密度曲线总体上由"宽峰形"发展为"尖峰形"，且向右移动，说明各市耦合协调度有逐渐向高水平趋同的趋势；1995—2000 年，波高升高，波宽变窄，峰值右移，表明 1995—2000 年各市的耦合协调度总体上不断提高且区域差距缩小。2000—2005 年，波高下降，波宽缩小，峰值右移，耦合协调度核密度曲线由"尖峰形"发展为"宽峰形",表明 2000—2005 年各市的耦合协调度总体上不断提高且区域差距缩小,高值区域数量增加。2005—2013 年,波高升高,波宽变窄,峰值右移,表明各市的耦合协调度总体上不断提高且区域差距缩小。

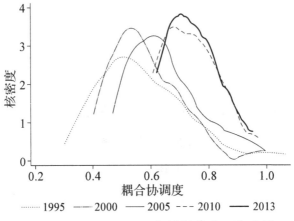

图 5-25　1995—2013 年城镇化水平与人均碳排放耦合协调度核密度估计

核密度仅能表示长三角地区市域城镇化水平与人均碳排放耦合协调度的分布特征,不能充分解释城镇化水平与人均碳排放耦合协调度市域间差异,泰尔指数能够表示长三角地区城镇化水平与人均碳排放耦合协调度市域间差异的动态演进。由图 5-26 可知,1995—2013 年长三角地区城镇化水平与人均碳排放耦合协调度泰尔指数的平均值为 0.018,总体上呈波动下降趋势,表明长三角地区城镇化水平与人均碳排放耦合协调度的区域差异波动减小。1995 年耦合协调度的泰尔指数最大,为 0.031,2013 年的最小,为 0.007,表明 1995 年耦合协调度的区域差异最大,2013 年最小。泰尔指数大致可分为 3 个阶段:1995—

2001年泰尔指数呈快速下降趋势,表明耦合协调度的区域差异明显缩小;2001—2008年泰尔指数呈波动变化趋势,表明耦合协调度的区域差异呈波动变化;2008—2013年泰尔指数呈缓慢下降趋势,表明耦合协调度的区域差异轻微缩小。

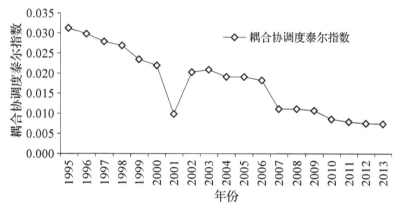

图5-26　1995—2013年城镇化水平与人均碳排放的动态演进

2. 城镇化与人均碳排放耦合协调度驱动因素分析

(1)变量选择

多种因素影响城镇化与人均碳排放耦合协调发展,综合分析并借鉴现有研究[198,209],结合长三角地区现状,选取耦合协调度为因变量,从人口总量、经济水平、技术水平和产业结构等方面,选取年末总人口、人均GDP(1995年不变价)、碳排放强度和第二产业比例为自变量。其中,年末总人口反映一个地区一定时间内人口总数;人均GDP(1995年不变价)衡量经济发展状况;碳排放强度衡量经济发展与碳排放之间的关系;第二产业比例反映第二产业在国内生产总值中所占比例。同时,采用离差标准化方法对各变量进行无量纲化处理。

（2）模型选择

1995—2013 年耦合协调度的 Moran's I 为正且通过了 1% 水平的显著性检验,表明 1995—2013 年长三角地区的耦合协调度存在显著的正的空间自相关性,有必要考虑空间因素影响,构造空间计量经济学模型研究耦合协调度的驱动因素。耦合协调度处于 0~1,有必要选择面板 Tobit 模型。经以上分析,本研究选用空间滞后面板 Tobit 模型研究城镇化水平与人均碳排放耦合协调度的驱动因素。

采用最大似然估计法估计空间滞后面板 Tobit 模型(表 5－11)。模型的 R^2 为 0.869,调整 R^2 为 0.861,表明耦合协调度能够被各自变量解释 86.1%,模型整体拟合效果较好。空间自回归系数为 0.182,且通过了 1% 水平的显著性检验,表明长三角地区各市间耦合协调度存在空间溢出效应,即本市耦合协调度提高,能够增加相邻市耦合协调度。因此,可通过设置城镇化水平与人均碳排放耦合协调发展试点城市,充分发挥其引领示范作用,提高耦合协调度。

表 5－11　空间滞后面板 Tobit 模型估计结果

变量	弹性系数	P 值
常数项	−0.065	0.538
年末总人口	−0.014	0.921
人均 GDP(1995 年不变价)	0.196	0.000
碳排放强度	0.142	0.000
第二产业比例	0.177	0.000
空间自回归系数	0.182	0.000

年末总人口与耦合协调度的弹性系数为−0.014,未通过
5%水平的显著性检验,表明年末总人口与耦合协调度呈负相关
但不显著,在其他条件保持不变的前提下,年末总人口每降低
1%,耦合协调度升高0.014%。一般说人口较多市,城镇化水平
相对较高,人口总量在一定阈值范围内,可充分利用各种资源,
提高资源的利用效率和碳排放效率,人均碳排放量相对较少。
但当超过阈值范围后,各种资源超过其承载能力,出现资源和基
础设施破坏、环境污染等问题,可能会降低碳排放效率,导致人
均碳排放增加。因此,应适当控制人口总量,优化人口结构,提
高人口素质。

人均GDP(1995年不变价)与耦合协调度的弹性系数最大,
为0.196,且通过了1%水平的显著性检验,表明人均GDP与耦
合协调度呈显著正相关,在其他条件保持不变的前提下,人均
GDP每增加1%,耦合协调度增加0.196%,提高经济水平是促
进城镇化与人均碳排放耦合协调发展的重要途径。一般人均
GDP较高市,经济发展水平相对较高,城镇化水平相对较高,人
均碳排放量较大,因此,随着人均GDP的增加,耦合协调度
增加。

碳排放强度与耦合协调度的弹性系数为0.142,且通过了
1%水平的显著性检验,表明碳排放强度与耦合协调度呈显著正
相关,在其他条件保持不变的前提下,碳排放强度每增加1%,耦
合协调度增加0.142%。碳排放强度表征技术水平,碳排放强度
越低,技术水平越高。技术水平较高地区,一般城镇化水平较
高,人们更注重环保,会选择一些节能产品,进而降低人均碳排

放。因此,应增加技术投入,引进先进技术,提高技术水平,降低人均碳排放。

第二产业比例与耦合协调度的弹性系数为 0.177,且通过了 1%水平的显著性检验,表明第二产业比例与耦合协调度呈显著正相关,在其他条件保持不变的前提下,第二产业比例每增加 1%,耦合协调度增加 0.177%。由于第二产业碳排放相对较高,第二产业比例越高,人均碳排放越高。第二产业比例较高地市,城镇化水平相对较高。因此,第二产业比例与耦合协调度成正相关。

三、城镇化与碳排放的国际比较

1. 人均碳排放的国际比较

为了将长三角地区人均碳排放与其他国家进行比较,本研究选择了具有代表性的"G8+5 国家",其中,8 个发达国家包括美国、英国、法国、德国、意大利、加拿大、日本和俄罗斯,5 个发展中国家包括中国、印度、南非、墨西哥和巴西。由图 5-27 可知,1995—2013 年主要发达国家的人均碳排放量均高于世界平均水平,到 2013 年法国的人均碳排放量接近世界平均水平。自 2006 年以来,中国人均碳排放量高于世界平均水平,而长三角地区在 2004 年已超过世界平均水平,到 2013 年长三角地区的人均碳排放量已超过法国、意大利和英国。1995 年长三角地区的人均碳排放为 2.988 吨,到 2013 年增长到 8.587 吨,年均增长率为 6.04%,明显高于其他发达国家。

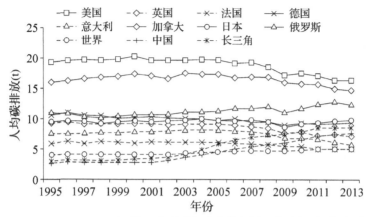

图 5 - 27　1995—2013 年长三角地区、中国及主要发达国家人均碳排放

由图 5 - 28 可知,1995 年长三角地区人均碳排放高于中国、巴西和印度,低于世界平均水平,而到 2013 年,长三角地区的人均碳排放已接近南非,远超过其他发展中国家和世界平均水平。2008 年以后,除南非和墨西哥的人均碳排放有一定程度下降外,其他发展中国家均呈增加趋势。经以上分析可知,长三角地区人均碳排放已经超过一些发展中国家,并有追赶发达国家的趋势,因此,在以后的发展中,应该适度控制长三角地区人均碳排放的增长速度。

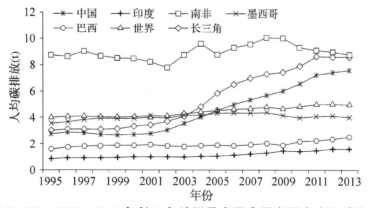

图 5 - 28　1995—2013 年长三角地区及主要发展中国家人均碳排放

2. 城镇化与碳排放相关性的国际比较

由表 5-12 可知,1995—2013 年,"G8+5"国家的城镇化水平总体上均呈上升趋势,发达国家中美国、英国、法国、德国和意大利的人均碳排放呈明显的下降趋势,加拿大和日本的人均碳排放呈波动变化趋势,其中加拿大的总体呈下降趋势,而日本的变化不大,俄罗斯、中国、印度、墨西哥、巴西和长三角地区的人均碳排放呈明显上升趋势,南非的人均碳排放呈波动变化,总体上略呈上升趋势。

根据城镇化、人均碳排放和二者相关系数的大小,可将以上国家分为 4 种不同模式。第一种模式:随着城镇化水平的提高,人均碳排放呈明显下降趋势,美国、英国、法国、德国和意大利属于该种模式。美国应对碳减排的态度较为消极,更多关注国内经济的发展,担心碳减排会影响其发展,反对碳限排和碳减排,主要开展碳减排科学性与技术研究,通过采用先进低碳技术,有效地利用资源,降低人均碳排放,但其人均碳排放仍远高于其他发达国家。英国、法国、德国和意大利采取了积极的应对碳减排的措施,减少高碳能源的使用,增加清洁能源和新能源的使用比例,煤和石油消耗呈下降趋势,人均碳排放呈明显下降。

第二种模式:随着城镇化水平的提高,人均碳排放呈波动变化,总体上呈下降或变化不大,加拿大和日本属于该种类型。加拿大和日本虽然进行了能源结构优化调整,加大了清洁能源的使用比重,但经济发展对能源的依赖性仍较强,煤和石油消耗呈基本不变或下降趋势,人均碳排放总体呈基本不变或下降趋势。

表 5－12　1995—2013 年长三角地区及"G8＋5"国家城镇化
水平与人均碳排放相关系数比较

国家/地区	相关系数	P	城镇化	人均碳排放
美国	－0.738	0.000	上升	下降
英国	－0.926	0.000	上升	下降
法国	－0.823	0.000	上升	下降
德国	－0.792	0.000	上升	下降
意大利	－0.691	0.001	上升	下降
加拿大	－0.358	0.133	上升	波动变化 （总体下降）
日本	－0.075	0.759	上升	波动变化 （变化不大）
俄罗斯	0.889	0.000	上升	上升
中国	0.969	0.000	上升	上升
印度	0.966	0.000	上升	上升
南非	0.484	0.036	上升	波动变化 （略呈上升）
墨西哥	0.641	0.003	上升	上升
巴西	0.782	0.000	上升	上升
长三角	0.977	0.000	上升	上升

第三种模式：随着城镇化水平的提高，人均碳排放呈明显上升趋势，俄罗斯、中国、印度、墨西哥、巴西和长三角地区属于该种类型。俄罗斯能源资源较为丰富，重工业比重偏高，导致其人均碳排放呈上升趋势。中国采取了积极的碳减排措施，优化能源消费结构，增加清洁能源比重，但中国富煤、缺油、少气的能源结构决定了其以煤炭为主的能源消费结构仍未改变。印度、

墨西哥和巴西处于工业化的发展阶段,重化工产业存在较大发展空间,经济发展对能源的依赖性较强,虽然积极采取碳减排措施,但其优势产业仍集中在能源与制造业,碳排放量仍较大。

第四种模式,随着城镇化水平的提高,人均碳排放呈波动变化,略呈上升趋势,南非属于该种类型。相对于其他 G5 国家,其碳减排措施相对薄弱。南非经济接近于发达国家水平,工矿业发达,能源消费较多,碳排放量较高。

由表 5-12 可知,长三角地区城镇化水平与人均碳排放的相关系数最大,城镇化水平与人均碳排放的相关性最强,随着城镇化水平的提高,人均碳排放增加较快,属于第三种模式。应借鉴第一种模式和第二种模式国家低碳发展的经验,并根据长三角地区发展现状,引进先进低碳技术,增加对低碳技术研发投资,优化能源消费结构,增加新能源和清洁能源比重,减小经济发展对煤炭的依赖。

四、城镇化与碳排放的曲线拟合关系

为了分析城镇化与碳排放间的拟合关系,使用 1995—2013 年长三角地区人均碳排放及城镇化率数据,分别采用线性模型、对数模型、二次模型、三次模型和幂函数模型、指数模型和 Logistic 模型进行曲线估计分析(表 5-13),结果显示,二次模型的 R^2 最大,为 0.943,表明二次模型的拟合结果最优,拟合方程为

$$y = 0.007x^2 - 0.516x + 12.290 \qquad (5-9)$$

式中,y 表示人均碳排放量(单位:t),x 表示城镇化水平(单位:%)。

表 5 - 13　模型统计检验值

模型	R^2	F	F 的显著性
线性	0.895	145.596	0.000
对数	0.860	104.468	0.000
二次	0.943	131.296	0.000
三次	0.939	124.183	0.000
幂函数	0.893	142.562	0.000
指数	0.917	186.893	0.000
Logistic	0.917	186.893	0.000

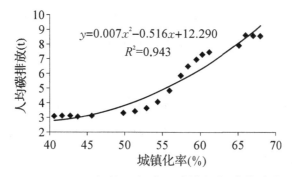

图 5 - 29　1995—2013 年长三角地区城镇化与碳排放曲线拟合图

　　由图 5 - 29 可知,1995—2013 年,随着城镇化水平的提高, 长三角地区人均碳排放量呈增加趋势。城镇化水平的提高,城镇人口的过快增长,人们生活方式的改变,对各种物质资源和基础设施的需求量增加,超过了其承载负荷,造成环境污染与破坏,直接导致碳排放增加。同时,城镇化导致土地利用方式改变,生态用地、农用地变为建设用地,由原来的碳汇变为碳源,间接导致碳排放增加。

　　为进一步分析长三角地区未来城镇化及碳排放的发展趋

势,将其与第一模式和第二模式的国家比较,由于英国和德国缺
少 1960 年之前的数据,而 1960 年时,它们的城镇化水平高于长
三角地区,因此,本研究选择了美国、法国、意大利、加拿大和日
本。2013 年长三角地区城镇化水平为 67.955%,人均碳排放量
为 8.587 t。由表 5-14 可知,美国、法国、意大利、加拿大和日本
与 2013 年长三角地区城镇化水平相近的年份分别为 1960 年、
1966 年、2007 年、1960 年和 1965 年,其对应的人均碳排放量分
别为 16.000 t、6.875 t、7.917 t、10.771 t 和 3.913 t,与长三角地区
人均碳排放较为相近的分别为意大利和法国,而从人均碳排放
变化趋势可知,法国可能与长三角地区的人均碳排放情况更接
近,因为 1966 年后法国人均碳排放量仍呈增加趋势,而意大利
在 2007 年时,人均碳排放已呈下降趋势。假设长三角地区的人
均碳排放变化趋势与法国相似,则长三角地区人均碳排放可能
在 2026 年达到峰值,约为 12.074 吨。虽然预测的人均碳排放峰
值出现时间与政府制定的减排目标较为接近,但由于其经济基
础、产业结构和资源禀赋等方面的差异,该结果可能存在一定的
误差。要实现长三角地区低碳发展目标,可借鉴加拿大低碳城
镇化发展的经验。

表 5-14   发达国家的城镇化与人均碳排放

国家	与 2013 年长三角地区城镇化水平相似			人均碳排放峰值出现时间及大小	
	对应年份	城镇化水平	人均碳排放(t)	年份	人均碳排放峰值(t)
美国	1960	69.996	16.000	1973	22.511

续　表

国家	与2013年长三角地区城镇化水平相似			人均碳排放峰值出现时间及大小	
	对应年份	城镇化水平	人均碳排放(t)	年份	人均碳排放峰值(t)
法国	1966	68.225	6.875	1973	9.667
意大利	2007	67.974	7.917	2004	8.216
加拿大	1960	69.061	10.771	1972	17.329
日本	1965	67.866	3.913	2004	9.909

第三节　碳排放效率时空特征及收敛性研究

一、碳排放效率时空特征

1. 碳排放效率测算

以资本存量、从业人员和能源消费量为投入变量，以GDP和能源消费碳排放为产出变量，采用窗口分析法与考虑非期望产出的SBM模型相结合，计算1995—2013年长三角地区碳排放效率。由表5-15可知，投入变量与产出变量之间均呈正相关，且通过了1%水平的显著性检验，表明投入越多，产出越大。其中，GDP与能源消费碳排放之间的相关系数为正，且通过了1%水平的显著性检验，表明GDP与能源消费碳排放之间呈显著性正相关，降低能源消费碳排放可能会抑制长三角地区的经济发展。

表 5 - 15　投入与产出变量相关矩阵

	资本存量	从业人员	能源消费量	GDP	能源消费碳排放
资本存量	1				
从业人员	0.728***	1			
能源消费量	0.890***	0.850***	1		
GDP	0.958***	0.814***	0.958***	1	
能源消费碳排放	0.885***	0.850***	0.996***	0.947***	1

注：*** 表示在 1% 水平上显著。

表 5 - 16　1995—2013 年长三角地区碳排放效率

名称	1995	1996	1997	1998	1999	2000	2001	2002	2003	2004
上海	1.000	1.000	1.000	1.000	0.992	1.000	1.000	1.000	1.000	1.000
南京	0.786	0.781	0.740	0.773	0.775	0.790	0.771	0.760	0.763	0.808
无锡	1.000	1.000	0.980	1.000	0.994	1.000	1.000	1.000	1.000	1.000
徐州	0.923	1.000	0.808	0.847	0.847	0.800	0.721	0.710	0.711	0.748
常州	0.880	0.882	0.844	0.872	0.897	0.970	0.922	0.905	0.850	0.845
苏州	1.000	1.000	0.965	1.000	0.971	1.000	1.000	1.000	0.993	1.000
南通	1.000	1.000	0.795	0.906	0.979	0.986	0.903	0.834	0.762	0.771
连云港	0.762	0.800	0.785	0.796	0.860	0.831	0.750	0.723	0.715	0.753
淮安	0.689	0.728	0.677	0.741	0.802	0.831	0.797	0.789	0.720	0.719
盐城	0.767	0.835	0.813	0.916	0.905	0.974	0.971	0.980	0.880	0.910
扬州	0.541	0.591	0.590	0.609	0.629	0.681	0.674	0.698	0.726	0.776
镇江	1.000	1.000	0.910	0.960	0.953	1.000	0.977	0.989	0.954	0.995
泰州	0.613	0.648	0.667	0.705	0.751	0.798	0.786	0.802	0.790	0.821

名称	1995	1996	1997	1998	1999	2000	2001	2002	2003	2004
宿迁	1.000	1.000	0.850	0.890	0.913	0.946	0.908	0.895	0.810	0.820
杭州	1.000	1.000	0.942	0.743	0.718	0.692	0.806	0.848	0.758	0.805
宁波	0.783	0.798	0.739	0.693	0.699	0.679	0.720	0.733	0.698	0.761
嘉兴	0.900	0.880	0.844	0.702	0.694	0.681	0.736	0.740	0.696	0.690
湖州	0.820	0.845	0.835	0.768	0.779	0.784	0.858	0.870	0.809	0.854
绍兴	0.975	1.000	0.926	0.749	0.770	0.734	0.776	0.785	0.727	0.789
舟山	1.000	1.000	1.000	1.000	1.000	0.924	1.000	1.000	0.982	1.000
温州	1.000	1.000	0.848	0.693	0.712	0.658	0.674	0.654	0.634	0.739
金华	0.831	0.885	0.824	1.000	0.712	0.704	0.740	0.728	0.669	0.700
衢州	0.789	0.798	0.803	0.808	0.868	0.824	0.794	0.755	0.691	0.710
台州	1.000	1.000	0.891	0.755	0.776	0.746	0.788	0.793	0.780	0.811
丽水	0.636	0.664	0.697	0.723	0.738	0.701	0.710	0.685	0.633	0.663
名称	2005	2006	2007	2008	2009	2010	2011	2012	2013	
上海	1.000	1.000	1.000	1.000	1.000	0.989	1.000	0.993	1.000	
南京	0.839	0.850	0.827	0.835	0.819	0.805	0.823	0.825	0.831	
无锡	1.000	1.000	1.000	1.000	0.997	0.995	1.000	0.999	1.000	
徐州	0.797	0.797	0.761	0.755	0.735	0.744	0.787	0.775	0.766	
常州	0.859	0.844	0.813	0.802	0.784	0.788	0.866	0.852	0.854	
苏州	1.000	1.000	0.976	0.977	0.942	0.966	1.000	0.976	1.000	
南通	0.810	0.807	0.777	0.787	0.772	0.789	0.838	0.809	0.806	
连云港	0.873	0.908	0.785	0.760	0.708	0.717	0.838	0.790	0.783	
淮安	0.838	0.872	0.745	0.732	0.662	0.682	0.806	0.762	0.755	

续　表

名称	2005	2006	2007	2008	2009	2010	2011	2012	2013	
盐城	1.000	1.000	0.885	0.869	0.792	0.806	1.000	0.809	0.794	
扬州	0.854	0.893	0.847	0.819	0.808	0.828	0.891	0.874	0.859	
镇江	1.000	1.000	1.000	0.989	0.972	0.975	1.000	0.998	1.000	
泰州	0.917	0.924	0.830	0.821	0.784	0.797	0.916	0.847	0.832	
宿迁	1.000	1.000	0.808	0.791	0.676	0.671	1.000	0.735	0.719	
杭州	0.886	0.899	0.915	0.976	0.981	0.970	0.923	0.927	0.836	
宁波	0.792	0.812	0.846	0.852	0.863	0.880	0.883	0.856	0.844	
嘉兴	0.745	0.750	0.773	0.772	0.777	0.805	0.820	0.792	0.779	
湖州	0.854	0.856	0.879	0.887	0.903	0.971	1.000	0.964	0.936	
绍兴	0.888	0.914	0.955	0.946	0.957	0.977	1.000	1.000	1.000	
舟山	1.000	1.000	1.000	1.000	1.000	1.000	1.000	1.000	1.000	
温州	0.836	0.919	1.000	0.996	0.996	1.000	0.963	0.853	0.785	
金华	0.749	0.869	0.873	0.896	0.930	0.977	1.000	0.957	0.906	
衢州	0.744	0.759	0.799	0.808	0.833	0.877	0.895	0.861	0.836	
台州	0.856	0.908	0.931	0.930	0.940	0.990	0.999	0.950	0.910	
丽水	0.708	0.756	0.828	0.872	0.900	0.967	0.996	0.929	0.881	

　　由表 5-16 可知,2013 年,长三角地区碳排放效率的平均值为 0.868,表明要达到 2013 年的效率前沿,平均碳排放要下降 13.2%。碳排放效率为 1 的市包括上海、苏州、无锡、镇江、绍兴和舟山,表明以上各市在 2013 年碳排放效率有效,可以作为碳排放效率的先进示范区。尽管它们位于碳排放效率的前沿面上,效率相比其他市高,但随着科学技术的进步,仍有减少碳排

放的空间。江苏和浙江的碳排放效率分别为 0.846 和 0.883,由此可知,上海的碳排放效率最高,浙江的高于长三角地区平均值,江苏的低于长三角地区平均值。上海作为长三角地区碳排放效率的最高区,其产业结构较为合理,低碳技术水平较高,引领着长三角地区的低碳发展,而江苏和浙江的碳排放效率仍具有较大的提升空间。尤其是江苏,其重化工产业和高耗能产业比例较高,碳排放效率水平相对较低,提升空间较大。

2. 碳排放效率时空特征

(1)碳排放效率总体呈波动变化趋势

由图 5-30 可知,1995—2013 年,长三角地区碳排放效率总体上呈波动变化趋势,碳排放效率降低较多的年份分别发生在 1997 年、2003 年、2009 年和 2012 年。碳排放效率降低较多的原因可能是受国内外重大事件的影响,1997 年,爆发了亚洲金融危机,导致出口需求下降,原材料价格上涨,对长三角地区外向型经济产生了一定影响,导致碳排放效率下降。2003 年,中国爆发了"非典",对人类健康和社会经济活动产生了较大影响,同时,长三角地区的投资和出口需求高速增加,以工业为主体的第二产业增加明显,尤其是高碳制造业,导致碳排放效率下降。2008 年国际金融危机的爆发,严重影响了长三角地区的社会经济发展,这种影响存在一定的滞后性,因此,2009 年碳排放效率下降仍相对较多。表面上是由于长三角地区对外开放程度较高,受国际经济环境影响较大,金融危机导致了外部需求缩小,出口大幅度降低。实质上是因为长三角地区的产品类型主要是以高端产品低附加值段为主,即劳动密集型,是依靠廉价的劳动力和土地资源发展的外向型经济。该产品类型不但效益低,而且风险大,很容易遭受全球经济的影响,在以后的发展中应积极推进产业转型升级,向前段的研发设计阶段拓展。中国政府为应对金融危机实施了一系列的措施,如 2008 年实施的"4 万亿计划",资金大量流入基础设施建设、房地产产业和重化工上游产业等高碳排放产业,以上产业碳排放效率较低[210]。长三角地区成功实施了产业结构的优化升级,降低了金融危机对长三角地区的影响。因此,2009 年碳排放效率下降仍相对较多。2010—2011 年碳排放效率升高,2011 年,长三角地区碳排放效率达到最高值,为 0.930,可能是由于 2011 年碳排放强度目标正式纳入"十二五"规划纲要,强制性约束各地区降低碳排放强度,有利于提高碳排放效率。2012 年后,中国经济发展速度放缓,逐渐进入新常态,受当时刺激消费、扩大内需、拉动经济增长政策的影响,碳排放效率降低。

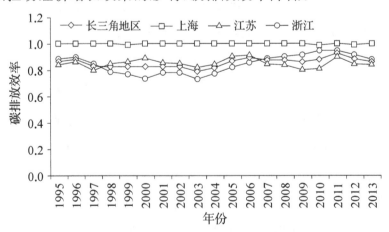

图 5 - 30　1995—2013 年长三角地区碳排放效率

上海碳排放效率一直最高，除 1999 年、2010 年和 2012 年外，其他年份的碳排放效率均为 1，位于碳排放效率的前沿面上，可能是由于上海经济水平较高，产业结构合理，碳排放效率相对较高。江苏碳排放效率的变化趋势和长三角地区基本一致。浙江的碳排放效率大致可分为 4 个阶段：1995—2000 年，先升后降，1996 年达到最大值 0.897；2000—2003 年，倒 U 形，2001 年达到最大，为 0.782；2003—2011 年，快速升高，从 2003 年的 0.734，增加到 2011 年的 0.953；2011—2013 年，快速降低，2013 年下降到 0.883。

（2）碳排放效率绝对差异与相对差异均呈波动变化，且变化趋势基本一致

由图 5-31 可知，变异系数总体上呈减小趋势，1995 年碳排放效率的变异系数最大，为 0.165，2011 年的最小，为 0.084，降低了 49.091％。在 1995—1997 年、1998—1999 年、2000—2001 年、2003—2006 年和 2010—2011 年，碳排放效率的变异系数下降，表明在以上时期碳排放效率呈 σ 收敛，碳排放效率的相对差异呈减小趋势。在 1997—1998 年、1999—2000 年、2001—2003 年、2006—2010 年和 2011—2013 年，碳排放效率的变异系数呈上升趋势，表明以上时期碳排放效率呈发散，相对差异增加。1995 年碳排放效率的标准差最大，为 0.14，2011 年的最小，为 0.08，降低了 42.857％。碳排放效率标准差的变化趋势与变异系数的基本一致，表明碳排放效率的绝对差异与相对差异的变化趋势基本一致。

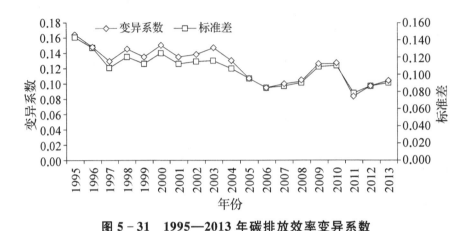

图 5 - 31　1995—2013 年碳排放效率变异系数

（3）碳排放效率空间分布特征

将碳排放效率数据与 GIS 图形数据进行链接,利用自然断点法,将其分为 4 类(图 5 - 32)。由图 5 - 32 可知,1995 年,上海、杭州、南通、苏州、台州、温州、无锡、宿迁、镇江和舟山的碳排放效率为1。扬州的碳排放效率最低,为 0.541。碳排放效率较高值区主要分布在上海、苏南和浙东北地区,碳排放效率较低值区主要分布在扬州、泰州、丽水和淮安。2000 年,上海、苏州、无锡和镇江的碳排放效率为1;温州的碳排放效率最低,为0.658。与 1995 年相比,碳排放效率空间变动较大,较高值区主要分布在上海和江苏,较低值区主要分布在浙江。2005 年,上海、宿迁、盐城、苏州、镇江、无锡和舟山的碳排放效率为1。丽水的碳排放效率最低,为 0.708。较高值区主要分布在上海和江苏,较低值区主要分布在丽水、衢州、嘉兴和金华。2010

年,温州和舟山的碳排放效率为1,宿迁的最小,为0.671。碳排放效率较低值区主要分布在苏北地区,包括宿迁、淮安、连云港和徐州。2013年,上海、苏州、镇江、绍兴、无锡和舟山的碳排放效率为1。宿迁的碳排放效率最低,为0.719。较低值区主要分布在江苏,包括宿迁和淮安。

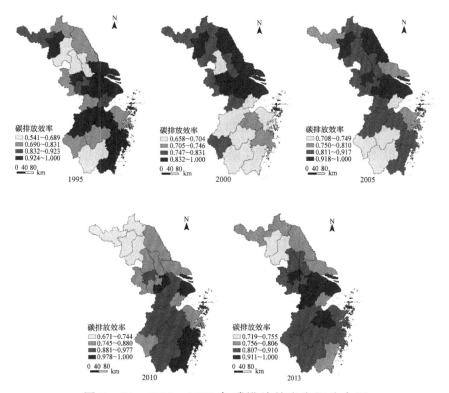

图 5 - 32　1995—2013 年碳排放效率空间分布图

（4）碳排放效率重心演化轨迹分析

为探索长三角地区碳排放效率在空间上的偏移趋势,计算1995—2013 年的长三角地区碳排放效率重心,并绘制重心转移图（图 5 - 33）。由图 5 - 33 和表 5 - 17 可知,1995—2013

年,碳排放效率重心主要分布在苏州市的吴中区和无锡市的宜兴市。1998 年、2007 年和 2011 年长三角地区碳排放效率重心实际移动距离较大,均大于 11 km。1998 年向西北移动了11.02 km,可能是受特大洪水灾害的影响,灾后重建导致了碳排放效率重心移动距离较大;2007 年,向东南移动了13.34 km,由于美国次贷危机已开始蔓延,长三角地区属于外向型经济,社会经济受到一定影响;2011 年,向西北地区移动了 12.84 km,可能是由于 2011 年碳排放强度目标正式纳入国家"十二五"规划纲要,以文件硬性要求约束碳排放强度,而苏北地区碳排放强度相比长三角其他地区高,为完成碳减排任务,不得不降低碳排放强度,提高碳排放效率。碳排放效率重心总体上向东南移动,依据碳排放效率重心转移方向,大致可分为 3 个阶段:1996—2000 年重心向西北移动了 20.69 km;2001—2010 年向东南移动了 34.11 km;2011—2013 年向西北移动了 11.90 km。2002 年实际移动距离最小,向东南移动了0.36 km。2007 年实际移动距离最大,向东南移动了13.34 km。除 2005 年外,东西向移动距离均小于南北向移动距离,因此,碳排放效率重心移动是以南北向为主,东西向为辅。

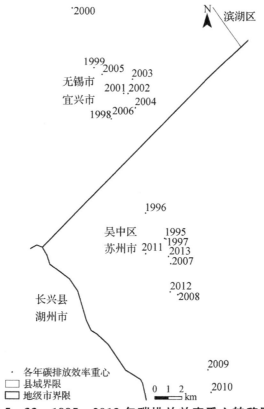

图 5 - 33　1995—2013 年碳排放效率重心转移图

表 5 - 17　1996—2013 年碳排放效率重心转移距离与方向

年份	东西向 移动距离（km）	南北向 移动距离（km）	实际移动 距离（km）	移动方向
1996	-1.62	2.08	2.64	西北
1997	1.74	-2.14	2.76	东南
1998	-4.65	9.99	11.02	西北
1999	-1.45	4.25	4.49	西北
2000	-1.84	4.98	5.30	西北

年份	东西向移动距离（km）	南北向移动距离（km）	实际移动距离（km）	移动方向
2001	4.33	−7.12	8.33	东南
2002	0.36	−0.01	0.36	东南
2003	0.38	1.20	1.26	东北
2004	0.24	−2.37	2.39	东南
2005	−2.79	2.76	3.93	西北
2006	0.66	−3.44	3.50	东南
2007	5.17	−12.29	13.34	东南
2008	0.60	−2.59	2.66	东南
2009	2.59	−6.27	6.79	东南
2010	0.28	−1.87	1.89	东南
2011	−5.60	11.55	12.84	西北
2012	2.09	−3.18	3.80	东南
2013	−0.15	2.95	2.95	西北

（5）碳排放效率空间集聚特征分析

为了进一步研究局部空间集聚特征，计算碳排放效率的Getis-Ord Gi* 指数，识别碳排放效率的热点区（本市域和相邻市域碳排放效率均较高）和冷点区（本市域和相邻市域碳排放效率均较低），并在 5％显著性水平下，绘制碳排放效率 Gi* 集聚图（图 5-34）。由图 5-34 可知，1995 年，碳排放效率的热点区仅有湖州，冷点区主要分布在盐城、扬州和镇江。与 1995 年相比，2000 年，碳排放效率空间格局发生了较大变化，碳排放效率的热点区包括泰州和南通，冷点区包括绍兴、杭州、衢州、台州、金华和丽水。2005 年,热点区与 2000 年相同,冷点区少了绍兴。与 2005 年相比,2010 年,冷点区和热点区范围均发生了较大变化,热点区全部转移到浙江,包括绍兴、台州、金华、丽水、嘉兴和宁波,冷点区全部转移到了江苏,分布在连云港、徐州、淮安、宿迁和盐城。2013 年,碳排放效率冷点区与 2010 年相同,热点区范围明显缩小,分布在嘉兴和宁波。经以上分析可知,2000 年和 2010 年碳排放效率热点区和冷点区空间范围变动较大,2005 年和 2013 年变动相对较小。

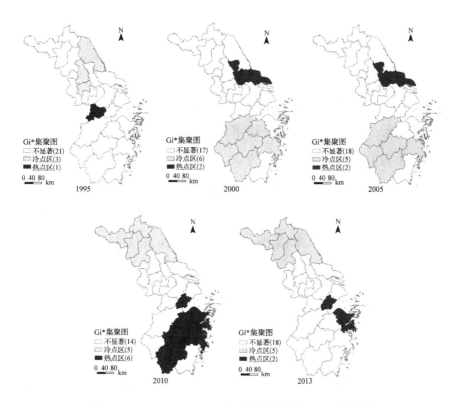

图 5 - 34　1995—2013 年碳排放效率 Gi* 集聚图

3. 碳排放效率的影响因素分析

（1）变量选择

影响碳排放效率的因素有多种,综合分析现有研究[98,211,212],以碳排放效率为因变量,从城镇化、产业结构、人口密度、经济水平、外商直接投资和环境政策等方面,选择城镇化水平、第二产业比例、人口密度、人均 GDP(2000 年不变价)、外商直接投资和环境政策为自变量。其中,城镇化水平用非农业人口占总人口比例表示;第二产业比例用第二产业产值占地区生产总值的比例表示;人口密度用总人口与市域面积比值表示;人均 GDP 用地区生产总值(2000 年不变价)与总人口的比例表示;外商直接投资用外商实际投资额占地区生产总值的比例表示。"十一五"规划中,明确制定了节能减排的指标,出台了各项政策措施。因此,加入环境政策的虚拟变量,具体设置:1995—2005 年为 0,2005—2013 年为 1。利用 Min-Max 标准化法对各变量进行无量纲化处理。由于碳排放效率的取值范围为 0~1,具有截尾性,因此,Tobit 模型适用于碳排放效率影响因素分析[213]。1995—2013 年碳排放效率的 Moran's I 值为 0.25,P 值<0.01,表明碳排放效率存在显著的正的空间自相关性。因此,有必要考虑空间因素的影响,选择空间滞后面板 Tobit 模型分析碳排放效率的影响因素。

（2）模型估计

采用最大似然估计法估计空间滞后面板 Tobit 模型(表5-18)。模型的 F 值为 101.79,P 值<0.01,R^2 值和调整 R^2 值均为 0.95,说明自变量能够解释因变量的 95%,模型拟合效果

较好。ρ 为 0.11，P 值为 0.03，通过了 5% 水平的显著性检验，表明长三角地区碳排放效率在各市间存在空间溢出效应，即本市提高碳排放效率的同时，相邻市可能模仿其技术及政策，也提高碳排放效率。

表 5-18　空间滞后面板 Tobit 模型估计结果

变量	弹性系数	P
常数项	0.55	0.00
城镇化水平	0.30	0.00
第二产业比例	−0.11	0.04
人口密度	0.04	0.64
人均 GDP	0.26	0.00
外商直接投资	0.17	0.03
环境政策	−0.05	0.13
ρ	0.11	0.03
R^2	0.95	
调整 R^2	0.95	
自然对数似然函数值（LogL）	64.99	

注：ρ 为空间自回归系数。

城镇化水平与碳排放效率的弹性系数为正且最大，在 1% 水平上显著，表明城镇化水平与碳排放效率呈显著性正相关，提高城镇化水平是提高碳排放效率的重要途径。在其他因素保持不变的条件下，城镇化水平每提高 1%，碳排放效率升高 0.30%。长三角地区城镇化水平较高，管理水平和技术水平较高，基础设施和资源利用率较高，提高城镇化水平，有助于碳排放效率的提高。第二产业比例与碳排放效率的弹性系数为负,在5%水平上显著,表明第二产业比例对碳排放效率具有明显的负向作用。第二产业多为高碳排放和高能耗产业,是碳排放的重要来源,碳排放效率相对较低。因此,第二产业比例增加,碳排放效率降低。

人口密度与碳排放效率的弹性系数为正,但未通过5%水平的显著性检验,表明人口密度对碳排放效率具有正向作用,但不明显。在一定阈值范围内,人口密度较高值区,容易产生集聚效应,有利于提高基础设施和资源的利用效率,进而提高碳排放效率。人均GDP与碳排放效率的弹性系数为正,且通过了5%水平的显著性检验,表明经济水平与碳排放效率呈显著性正相关。在其他因素保持不变的条件下,经济水平每提高1%,碳排放效率升高0.26%。经济水平较高地区,人们对环境的要求较高,同时,政府有更多的资金,投资先进技术研究,提高技术水平,加强环境治理。因此,提高经济水平,有利于提高碳排放效率。

外商直接投资与碳排放效率的弹性系数为正,且通过了5%水平的显著性检验,表明外商直接投资与碳排放效率呈显著性正相关,有利于促进长三角地区碳排放效率的提高。在其他因素保持不变的条件下,外商直接投资每提高1%,碳排放效率升高0.17%。外商直接投资增加的同时,带来了先进的能源利用技术与管理经验,有利于当地技术水平和能源利用效率的提高,进而促进碳排放效率提高。环境政策与碳排放效率的弹性系数为负,但未通过5%水平的显著性检验,表明环境政策与碳排放效率呈负相关,但不显著,与孙焱林等[212]的研究结论一致,表明"十一五"期间的节能减排政策对碳排放效率的影响并不明显。

二、随机收敛

单位根检验通常被用来验证随机收敛[114]。有多种单位根检验方法,包括 LLC 检验、ADF 检验、DFGLS 检验、PP 检验、KPSS 检验、ERS 检验和 NP 检验,其中,LLC 检验属于不同根单位根检验法,ADF 则属于相同根单位根检验法,因此,本研究采用 LLC 检验与 ADF 检验分析随机收敛。LLC 检验和 ADF 检验的值分别为 -3.986 和 112.759,P 值均小于 0.001,拒绝存在单位根的原假设,表明不存在单位根,碳排放效率呈稳定序列,存在随机收敛,表明碳排放效率受到的冲击只是短暂的[214],随着时间变化,这种冲击可能会消失[215],因此,长三角地区各市的碳排放效率会逐渐接近平均碳排放效率。

三、β 收敛

β 收敛包括绝对 β 收敛和条件 β 收敛。β 收敛存在意味着碳排放效率较低市,可能提高碳排放效率的速度相对较快。绝对 β 收敛的计算公式如下:

$$\ln(CE_{it+1}/CE_{it}) = \alpha + \beta\ln CE_{it} + \varepsilon_{it} \qquad (5-10)$$

式中,CE 表示碳排放效率;i 表示第 i 市;t 表示第 t 年;$\ln(CE_{it+1}/CE_{it})$ 表示碳排放效率的年均增长率;α 表示常数项;β 表示 $\ln CE_{it}$ 的系数;ε_{it} 表示误差项。

综合分析现有研究,选择城镇化水平、人均 GDP、产业结构和人口密度为控制变量,研究碳排放效率的条件 β 收敛。其中,城镇化水平用非农业人口与总人口的比重表示,人均 GDP 用 GDP 与总人口比值表示,产业结构用第二产业产值与 GDP 的比重表示,人口密度用总人口与市域面积比值表示,条件 β 收敛变量的描述性统计见表 5-19。条件收敛的计算公式如下:

$$\ln(CE_{it+1}/CE_{it}) = \alpha + \beta \ln CE_{it} + \beta_c x_{it} + \varepsilon_{it} \quad (5-11)$$

式中,x_{it} 是控制变量,主要包括城镇化水平、人均 GDP、产业结构和人口密度;β_c 是控制变量的系数;其他变量与式(5-10)中的意义相同。

表 5-19　条件 β 收敛变量的描述性统计

变量	单位	极小值	极大值	均值	标准差	观测单元数
$\ln(CE_{it+1}/CE_{it})$		-0.339	0.398	0.001	0.067	450
碳排放效率(CE)		0.541	1.000	0.856	0.112	450
城镇化水平(UR)	%	9.301	89.300	39.985	19.272	450
人均 GDP($PGDP$)	元	2 353.644	116 137.580	25 961.766	21 551.019	450
产业结构(IS)	%	29.414	65.209	52.153	7.384	450
人口密度(PD)	人/平方千米	140.710	2 250.631	690.728	358.656	450

注:$\ln(CE_{it+1}/CE_{it})$ 表示的是($t+1$)年碳排放效率的年增长速度。

由地理学第一定律可知,任何事物都相关,距离越近,相关性越强[120]。因此,在构建模型时,有必要考虑空间因素的影响。空间计量经济学模型已考虑了空间因素的影响,受到学者的青昧,常用的空间计量经济学模型包括空间滞后模型、空间误差模型和空间杜宾模型。空间滞后模型能够探测是否存在空间溢出效应,空间误差模型能够测度误差项之间是否存在系列相关,相对于空间滞后模型和空间误差模型而言,空间杜宾模型是一种更为一般性的模型,其可以简化为空间滞后模型或空间误差模型。本研究中使用空间误差模型和空间杜宾模型研究碳排放效率的 β 收敛分析,使用 Matlab R2016b 对模型进行估计。β 收敛的空间误差模型的方程如下[216]:

$$\ln(CE_{it+1}/CE_{it}) = \alpha + \beta \ln CE_{it} + \mu_i + \eta_t + u_{it}$$

$$u_{it} = \lambda \sum_{j=1}^{N} w_{ij} u_{it} + \varepsilon_{it} \tag{5-12}$$

$$\ln(CE_{it+1}/CE_{it}) = \alpha + \beta \ln CE_{it} + \beta_c x_{it} + \mu_i + \eta_t + u_{it}$$

$$u_{it} = \lambda \sum_{j=1}^{N} w_{ij} u_{it} + \varepsilon_{it} \tag{5-13}$$

式中,μ_i 表示个体固定效应;η_t 表示时间固定效应;w_{ij} 表示空间权重矩阵,选择 Queen 邻接空间权重矩阵(与本市域有一条边或一个点相邻,值为 1,不相邻,值为 0)[217];u_{it} 表示随机误差项;λ 为空间误差系数;其他变量代表的含义与式(5-11)中相同。

β 收敛的空间杜宾模型的方程如下[216]:

$$\ln(CE_{it+1}/CE_{it}) = \alpha + \rho \sum_{j=1}^{N} w_{ij} \ln(CE_{it+1}/CE_{it})_{jt} +$$

$$\beta_i \ln CE_{it} + \lambda \sum_{j=1}^{N} w_{ij} CE_{jt} + \beta_i x_{it} +$$

$$\lambda \sum_{j=1}^{N} w_{ij} x_{jt} + \mu_i + \eta_t + \varepsilon_{it} \qquad (5-14)$$

式中,ρ 表示空间自回归系数,其他变量的含义与式(5-10)到式(5-13)之间的相同。

1. 绝对 β 收敛

1995—2013 年碳排放效率年均增长率的 Moran's I 值为 0.133,P 值小于 0.001,表明存在显著的正的空间自相关关系,碳排放效率的年均增长率呈空间集聚特征。因此,研究碳排放效率的收敛性时,应考虑空间因素的影响,构建空间计量经济学模型。

Hausman 检验值为 24.112,P 值小于 0.001,因此,应选择固定效应模型,空间固定效应的 LR 检验值为 48.071,P 值为 0.004,表明应该考虑空间固定效应,时间固定效应的 LR 检验值为 135.214,P 值小于 0.001,表明应该考虑时间固定效应,因此,应采用时空固定效应模型。运用 LM 检验判断哪个模型较为适合,由表 5-20 可知,空间误差模型的 LM 检验和稳健 LM 检验均通过了 1% 水平的显著性检验,而空间滞后模型的稳健 LM 检验未通过 5% 水平的显著性检验,因此,空间误差模型较为适合。由于空间滞后模型的稳健 LM 检验未通过 5% 水平的显著性检验,因此,应考虑空间杜宾模型[218]。空间滞后模型的 Wald 检验值为 14.393,P 值小于 0.001,空间误差模型的 Wald 检验值为 1.108,P 值为 0.293,表明空间杜宾模型可简化为空间误差模型[219],因此,分析 1995—2013 年的绝对 β 收敛时,应采用时空固定效应的空间误差模型。

表 5 - 20　绝对 β 收敛的 LM 检验值

变量	LM 值	P 值
LM test no spatial lag	69.761	0.000
robust LM test no spatial lag	1.493	0.222
LM test no spatial error	85.625	0.000
robust LM test no spatial error	17.357	0.000

由表 5 - 21 可知,空间误差模型估计的 R^2 为 0.392,调整 R^2 为 0.163,而非空间面板模型的 R^2 为 0.163,调整 R^2 为 0.162,均低于空间误差模型,表明空间误差模型的拟合效果相对较好。碳排放效率的系数为负,且通过了 1% 水平的显著性检验,表明碳排放效率存在绝对 β 收敛。空间误差面板模型的收敛速度为 0.353,大于非空间面板的 0.316,表明考虑空间因素,加速了碳排放效率绝对 β 收敛的收敛速度。空间误差系数为 0.498,且通过了 1% 水平的显著性检验,表明碳排放效率的年均增长率存在空间集聚现象,可能会受其他因素的影响,因此,有必要考虑其他影响因素,使用空间计量经济学模型研究条件 β 收敛。

表 5 - 21　绝对 β 收敛的估计结果

变量	模型 1（非空间面板）	P 值	模型 2(空间误差面板模型)	P 值
$\ln CE$	−0.271	0.000	−0.298	0.000
λ			0.498	0.000
θ	0.316		0.353	
R^2	0.163		0.392	

变量	模型 1 （非空间面板）	P 值	模型 2（空间 误差面板模型）	P 值
调整 R^2	0.162		0.163	
自然对数 似然函数值			722.045	

注：λ 表示空间误差系数；θ 表示收敛速度。

2. 条件 β 收敛

Hausman 检验值为 20.248，P 值为 0.042，因此，应选择固定效应模型，空间固定效应的 LR 检验值为 57.909，P 值小于 0.001，表明应考虑空间固定效应，时间固定效应的 LR 检验值为 152.181，P 值小于 0.001，表明应考虑时间固定效应，因此，应考虑使用时空固定效应模型。运用 LM 检验判断哪个模型较为适合，由表 5 - 22 可知，空间滞后模型与空间误差模型的 LM 检验均通过了 1% 水平的显著性检验，而空间滞后模型与空间误差模型的稳健 LM 检验均未通过 5% 水平的显著性检验，表明应考虑空间杜宾模型[218]。因此，分析 1995—2013 年的条件 β 收敛时，选用时空固定效应的空间杜宾模型。

表 5 - 22　条件 β 收敛的 LM 检验值

变量	LM 值	P 值
LM test no spatial lag	72.725	0.000
robust LM test no spatial lag	2.593	0.107
LM test no spatial error	72.349	0.000
robust LM test no spatial error	2.218	0.136

表 5 - 23 条件 β 收敛的估计结果

变量	模型 3（非空间面板）	P 值	模型 4（空间杜宾面板模型）	P 值
$\ln CE$	-0.343	0.000	-0.367	0.000
$\ln UR$	0.069	0.000	0.075	0.000
$\ln PGDP$	0.108	0.062	0.033	0.569
$\ln IS$	-0.198	0.000	-0.142	0.000
$\ln PD$	0.054	0.319	0.078	0.139
$W \times \ln CE$			0.122	0.037
$W \times \ln UR$			-0.013	0.652
$W \times \ln PGDP$			0.149	0.146
$W \times \ln IS$			-0.082	0.208
$W \times \ln PD$			0.085	0.447
ρ			0.417	0.000
θ	0.421		0.457	
R^2	0.224		0.545	
调整 R^2	0.217		0.248	
自然对数似然函数值			740.345	

注：ρ 表示空间自回归系数；θ 表示收敛速度。

由表 5 - 23 可知，空间杜宾面板模型估计结果的 R^2 为 0.545，调整 R^2 为 0.248，非空间面板的 R^2 为 0.224，调整 R^2 为 0.217，表明空间杜宾面板模型能够更好地模拟条件 β 收敛，增加了条件 β 收敛模型的解释效果。碳排放效率的系数为负，且通过了 1% 水平的显著性检验，表明碳排放效率存在条件 β 收敛。空间自回归系数为正，且通过了 1% 水平的显著性检验，表明提高相邻市碳排放效率的年均增长率,有助于本市碳排放效率年均增长率的提高。控制变量中城镇化水平和产业结构均通过了 1%水平的显著性检验,因此,城镇化水平与产业结构对碳排放效率的条件 β 收敛具有重要的影响。条件 β 收敛的收敛速度为 0.457,明显高于绝对 β 收敛速度,表明考虑控制变量后,收敛速度增加。

β 收敛的存在,表明碳排放效率较低市的提高速度快于较高市,最终碳排放效率的较低市追赶上较高市。随着时间的推移,由于碳排放效率影响因素(城镇化水平、经济水平、产业结构和人口密度)的变化,碳排放效率也会发生变化。空间自回归系数为正,且通过了 1%水平的显著性检验,表明在长三角地区各市间,碳排放效率增长速度存在明显的空间溢出效应[218]。提高碳排放效率的年均增长率,有助于提高相邻市碳排放效率的年均增长率。因此,空间因素对碳排放效率的年均增长速度具有重要影响。提高碳排放效率,不仅需要本市政府的政策干预,还需要相邻市政府的政策配合,共同提高碳排放效率。同时,可以考虑设置低碳试点区,总结低碳经济发展的经验,为其他地区的低碳发展提供决策支撑。

表 5 - 24　空间杜宾面板模型的估计结果

变量	直接效应	P 值	间接效应	P 值	总效应	P 值
$\ln CE$	−0.371	0.000	−0.045	0.571	−0.416	0.000
$\ln UR$	0.078	0.000	0.027	0.513	0.104	0.020
$\ln PGDP$	0.051	0.428	0.260	0.128	0.310	0.126

变量	直接效应	P 值	间接效应	P 值	总效应	P 值
$\ln IS$	-0.158	0.000	-0.221	0.025	-0.379	0.001
$\ln PD$	0.092	0.083	0.180	0.309	0.272	0.167

由表 5-24 可知,在控制变量中,城镇化水平对碳排放效率增长率的直接影响、间接影响和总影响均表现为正向作用,其中,直接效应的弹性系数为 0.078,且通过了 1% 水平的显著性检验,表明城镇化水平每提高 1%,碳排放效率增长率提高 0.078%。间接效应的弹性系数为 0.027,但未通过 5% 水平的显著性检验,表明城镇化水平对相邻市碳排放效率年均增长率的空间溢出效应为正,但并不明显,说明提高本市的城镇化水平,有助于相邻市碳排放效率增长率的提高,但这种效果不太明显。因此,提高本市城镇化水平,既有利于本市碳排放效率的提高,也有利于相邻市碳排放效率的提高。当城镇化水平相对较高时,各市管理水平和技术水平相对较高,基础设施和资源可得到充分利用,碳排放效率相对较高,可形成城镇化与碳排放效率之间的双赢。

人均 GDP 对碳排放效率年均增长率的直接影响、间接影响和总影响均表现为正向作用,但均未通过 5% 水平的显著性检验,表明经济水平对碳排放效率有正向影响,但不明显。其中,人均 GDP 对碳排放效率年均增长率直接效应的弹性系数为 0.051,表明人均 GDP 每提高 1%,碳排放效率年均增长率提高 0.051%。人均 GDP 对相邻市碳排放效率年均增长率空间溢出效应的弹性系数为 0.260,表明提高人均 GDP,有助于相邻市碳排放效率的提高。在经济发展新常态的背景下,应该注重经济发展方式的转变,减少经济发展对煤炭的依赖度,积极发展低碳经济和绿色经济,加强长三角城市群内城市的合作与交流,在确保经济稳定增长的同时,注重提高经济质量和效益,优化经济结构,保证低碳经济的可持续发展。

产业结构对碳排放效率年均增长率的直接影响、间接影响和总影响均表现为负向作用,且通过了 5% 水平的显著性检验。其中,产业结构对碳排放效率年均增长率直接效应的弹性系数为 −0.158,其绝对值在控制变量中最大,表明第二产业所占比重每降低 1%,碳排放效率年均增长率提高 0.158%,降低第二产业比重,是提高碳排放效率的有效途径。产业结构对相邻市碳排放效率年均增长率空间溢出效应的弹性系数为 −0.221,表明降低第二产业比重,有助于相邻市碳排放效率年均增长率的提高。因此,降低第二产业比重,既有利于提高本市碳排放效率,也有利用提高相邻市的碳排放效率。应结合各市的现状,充分发挥各市的资源、环境、人力和技术等方面的优势,发展相应的优势产业,淘汰"高消耗、高污染、高排放"产业,降低碳排放,同时,加强对碳排放的监督,引进先进低碳技术,增加低碳技术投资,对无能力引进先进低碳技术的企业,提供资金支持或财政补贴,对积极引进先进低碳技术的企业,应减免其税收,降低其运营成本。

人口密度对碳排放效率年均增长率的直接影响、间接影响和总影响均表现为正向作用,直接效应的弹性系数为 0.092,通

过了 10％水平的显著性检验,表明人口密度每增加 1％,碳排放
效率年均增长率增加 0.092％。人口密度对相邻市碳排放效率
年均增长率空间溢出效应的弹性系数为 0.180,但未通过 10％水
平的显著性检验,表明增加人口密度有利于相邻市碳排放效率
的提高,但不明显,因此,增加人口密度,有利于提高本市和相邻
市碳排放效率。人口密度对相邻市碳排放效率年均增长率的溢
出效应可通过人口流动实现,当人口密度较高时,人们对各种资
源和环境的压力增大,生活质量也会受到影响,为了更好地生活
和发展,可能会选择相邻市,进而对相邻市产生影响。

第四节　城镇化与碳排放效率关系研究

一、城镇化水平与碳排放效率的相关性分析

由表 5－25 可知,城镇化水平与碳排放效率的 Pearson 相关
系数均为正,表明城镇化水平与碳排放效率之间存在正相关关
系,即当城镇化水平提高时,碳排放效率也会提高。

表 5－25　1995—2013 年城镇化水平与碳排放效率相关性

年份	Pearson 相关系数	P 值	双变量 Moran's I	P 值
1995	0.280	0.176	0.039	0.355
1996	0.242	0.243	−0.005	0.497
1997	0.384	0.058	0.055	0.249
1998	0.394	0.051	0.112	0.116

年份	Pearson 相关系数	P 值	双变量 Moran's I	P 值
1999	0.453	0.023	0.163	0.060
2000	0.543	0.005	0.280	0.015
2001	0.565	0.003	0.258	0.015
2002	0.585	0.002	0.248	0.022
2003	0.666	0.000	0.278	0.012
2004	0.635	0.001	0.197	0.040
2005	0.550	0.004	0.138	0.073
2006	0.446	0.025	0.007	0.367
2007	0.626	0.001	0.159	0.062
2008	0.645	0.000	0.167	0.064
2009	0.627	0.001	0.217	0.025
2010	0.434	0.030	0.158	0.061
2011	0.139	0.507	0.041	0.334
2012	0.439	0.028	0.210	0.027
2013	0.465	0.019	0.265	0.007

除 1995—1996 年和 2011 年外,其他年份的 P 值均小于 0.1,表明其他年份的城镇化水平与碳排放效率之间存在显著的正相关关系。相关系数的变化大致可分为两个阶段:1995—2006 年,呈倒 N 形,1995—1996 年减小,1996—2003 年增加,2003—2006 年减小;2006—2013 年,呈 N 形,2006—2008 年增加,2008—2011 年减小,2011—2013 年增加。通过比较发现,城镇化水平与碳排放效率之间相关性开始增强的年份分别在 1997

年、2007 年和 2012 年,均是实施"五年计划"的第二年,因此,"五年计划"的实施可能会影响城镇化水平与碳排放效率之间的相关关系。

为了分析本市碳排放效率与相邻市城镇化水平的关系,利用 GeoDa 1.4.1 计算碳排放效率与城镇化水平的双变量 Moran's I 指数。除 1996 年,碳排放效率与城镇化水平的双变量 Moran's I 值为负外,其他年份均为正,表明除 1996 年,本市碳排放效率与相邻市城镇化水平间存在正相关关系。除 1995—1998 年、2006 年和 2011 年外,其他年份的 P 值均小于 0.1,表明其他年份本市碳排放效率与相邻市城镇化水平间存在显著的空间正相关关系,即提高相邻市城镇化水平时,会促进本市碳排放效率提高。

二、城镇化水平与碳排放效率的动态演进

泰尔指数能够表示长三角地区城镇化水平和碳排放效率市域间差异的动态演进。由图 5 - 35 可知,1995—2013 年长三角地区城镇化水平和碳排放效率泰尔指数的平均值分别为 0.070 和 0.008,总体上均呈下降趋势,表明长三角地区城镇化水平和碳排放效率的区域差异呈减小趋势。城镇化水平的泰尔指数大致可分为 3 个阶段:1995—2002 年,快速下降,由 1995 年的 0.131,下降到 2002 年的 0.082;2002—2006 年,波动变化,泰尔指数变化不大;2006—2013 年,呈 L 形,2006—2007 年下降较快,由 0.089 下降到 0.026,降幅为 70.787%。1995 年城镇化水平的泰尔指数最大,为 0.131,2013 年的最小,为 0.011,表明 1995 年城镇化水平的区域差异最大,2013 年最小。碳排放效率

的泰尔指数大致可分为 3 个阶段:1995—1997 年,快速下降,由
1995 年的 0.014 下降到 1997 年的 0.008;1997—2003 年,波动变
化,变化不大;2003—2013 年,呈 W 形。1995 年碳排放效率泰
尔指数最大,为 0.014,2011 年最小,为 0.003,表明 1995 年碳排
放效率的区域差异最大,2013 年最小。

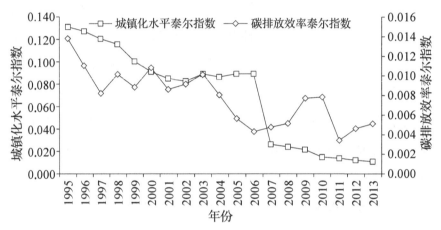

图 5－35　1995—2013 年城镇化水平与碳排放效率的动态演进

三、城镇化水平与碳排放效率的脱钩分析

Tapio 模型是一种常用的脱钩模型,其对基期数据要求较
低,不易受量纲的影响,能够较好地表现长三角地区不同年份的
脱钩状态。由表 5－26 可知,1995—2013 年,长三角地区的城镇
化水平的变化率均为正,表明长三角地区的城镇化水平不断提
高。1999—2000 年、2004—2005 年、2009—2010 年城镇化水平
变化较大,均为"五年计划"的最后一年,可能是为了实现"五年
计划"的城镇化目标,加速提高城镇化水平。而碳排放效率的变
化率有正有负,呈明显的波动变化特征,1996—1997 年、1997—

1998 年、2001—2002 年、2002—2003 年、2006—2007 年、
2008—2009 年、2011—2012 年和 2012—2013 年的变化率为负
外,其他年份的变化率均为正,由于城镇化水平的变化率均为
正,因此,以上时期城镇化水平与碳排放效率间均表现为强脱
钩状态。

表 5 - 26　长三角地区城镇化与碳排放效率脱钩状态

时期	ΔUR	ΔCE	E_t	状态
1995—1996	0.025	0.020	0.805	增长连结
1996—1997	0.027	−0.062	−2.284	强脱钩
1997—1998	0.024	−0.006	−0.250	强脱钩
1998—1999	0.043	0.004	0.096	弱脱钩
1999—2000	0.051	0.000	0.000	弱脱钩
2000—2001	0.028	0.002	0.082	弱脱钩
2001—2002	0.033	−0.005	−0.156	强脱钩
2002—2003	0.040	−0.045	−1.118	强脱钩
2003—2004	0.025	0.037	1.479	扩张负脱钩
2004—2005	0.058	0.066	1.140	增长连结
2005—2006	0.017	0.023	1.349	扩张负脱钩
2006—2007	0.018	−0.022	−1.175	强脱钩
2007—2008	0.014	0.001	0.064	弱脱钩
2008—2009	0.014	−0.016	−1.082	强脱钩
2009—2010	0.065	0.020	0.309	弱脱钩
2010—2011	0.015	0.058	3.962	扩张负脱钩
2011—2012	0.014	−0.048	−3.462	强脱钩
2012—2013	0.014	−0.019	−1.387	强脱钩

1995—2013 年长三角地区各市城镇化水平与碳排放效率脱钩状态结果(表 5 - 27)显示,长三角地区有 7 个市处于强脱钩状态,集中分布在上海和江苏,包括上海、盐城、苏州、徐州、宿迁、常州和南通。其中,上海的强脱钩程度最高,脱钩弹性系数为 -0.006,南通的强脱钩程度最低,脱钩弹性系数为 -0.177。其他 18 市均处于弱脱钩状态,其中,弱脱钩程度最高的是无锡,脱钩弹性系数为 0.003,弱脱钩程度最低的是扬州,脱钩弹性系数为 0.361。

表 5 - 27 1995—2013 年长三角地区各市城镇化与碳排放效率脱钩状态

名称	ΔUR	ΔCE	E_t	状态	名称	ΔUR	ΔCE	E_t	状态
上海	0.180	-0.001	-0.006	强脱钩	宿迁	1.084	-0.090	-0.083	强脱钩
南京	0.352	0.069	0.197	弱脱钩	杭州	0.802	0.111	0.139	弱脱钩
无锡	0.536	0.002	0.003	弱脱钩	宁波	1.243	0.160	0.129	弱脱钩
徐州	0.936	-0.053	-0.057	强脱钩	嘉兴	0.984	0.030	0.031	弱脱钩
常州	0.440	-0.065	-0.148	强脱钩	湖州	0.913	0.115	0.126	弱脱钩
苏州	0.648	-0.011	-0.017	强脱钩	绍兴	1.698	0.166	0.098	弱脱钩
南通	0.596	-0.105	-0.177	强脱钩	舟山	0.987	0.010	0.010	弱脱钩
连云港	0.954	0.023	0.024	弱脱钩	温州	2.052	0.219	0.107	弱脱钩
淮安	1.069	0.016	0.015	弱脱钩	金华	1.986	0.163	0.082	弱脱钩
盐城	0.884	-0.013	-0.014	强脱钩	衢州	1.377	0.050	0.037	弱脱钩
扬州	0.854	0.309	0.361	弱脱钩	台州	2.103	0.121	0.058	弱脱钩
镇江	0.559	0.019	0.035	弱脱钩	丽水	1.887	0.271	0.144	弱脱钩
泰州	1.206	0.154	0.128	弱脱钩					

第五节　本章小结

研究城镇化与人均碳排放的时空特征及时空耦合关系,并从国际视角,比较分析长三角地区与"G8+5"国家,在人均碳排放、城镇化与人均碳排放相关性上存在的差异。在此基础上,采用窗口分析法与考虑非期望产出的 SBM 模型,测算了 1995—2013 年长三角地区碳排放效率,研究了碳排放效率的时空特征及其收敛性,最后分析了城镇化与碳排放效率的关系。经分析主要得出以下结论:

(1) 城镇化水平与人均碳排放总体上均呈增加趋势,长三角地区城镇化与人均碳排放呈显著的正相关,相关性呈减弱趋势,1998 年和 2008 年 Pearson 相关系数呈升高趋势,可能是受亚洲金融危机和全球金融危机的影响。1995—2013 年本市人均碳排放与相邻市城镇化水平间存在显著的空间正相关关系,表明提高相邻市城镇化水平,会导致本市人均碳排放增加。高城镇化水平高人均碳排放类型的上海、苏州、无锡、南京和宁波,应以降低人均碳排放量作为低碳城镇化建设的首要任务。低城镇化水平高人均碳排放类型的区域包括常州、镇江、嘉兴和湖州,其中,常州和镇江的城镇化水平接近于长三角地区平均水平,应以降低人均碳排放作为首要任务,嘉兴和湖州应在降低人均碳排放的同时,注重提高城镇化水平。高城镇化水平低人均碳排放类型的杭州,基本实现了低碳城镇化发展,其低碳城镇化建设的经验可供其他区域借鉴。低城镇化水平低人均碳排放类型的舟山、温州、金华、绍兴、南通、扬州、泰州、盐城、台州、徐州、连云港、淮安、丽水、宿迁和衢州等15市,其应稳步推动低碳城镇化建设。在长三角地区城镇化与碳排放的国际比较中发现,长三角地区人均碳排放已超过一些发展中国家,并有追赶发达国家的趋势,在以后的发展中,应适度控制人均碳排放的增长速度。长三角地区的城镇化水平与人均碳排放的相关系数最大,相关性最强,随着城镇化水平的提高,人均碳排放增加较快,属于第三种模式。应借鉴第一种模式和第二种模式国家低碳发展的经验,并根据长三角地区发展现状,引进先进低碳技术,增加对低碳技术研发投资,优化能源消费结构,增加新能源和清洁能源比重,降低经济发展对煤炭的依赖。1995—2005年城镇化水平和人均碳排放的双变量LISA集聚图中HH类型主要分布在长三角中部地区,LL类型主要分布在浙江南部,空间格局较为稳定。2005—2010年城镇化水平和人均碳排放的双变量LISA集聚图中各类型空间分布变化较大,空间格局不稳定。

(2) 1995—2013年以标准差测度的城镇化水平绝对差异呈波动减小趋势,以变异系数测度的城镇化水平相对差异总体上呈减小趋势。1995—2001年城镇化水平的空间集聚性增强;2001—2010年城镇化水平的空间集聚性减弱;2010—2013年城镇化水平的空间集聚性变化不大。1995—2013年城镇化水平高值区集中分布在长三角中部地区,低值区主要分布在苏北地区和浙江南部。在东西向上,自西向东呈增加趋势,在南北向上,呈倒U形。城镇化水平重心主要分布在苏州、无锡和常州,多数年份向西北移动,但 2007 年向东南移动距离最大,为 47.732 km,总体上向东南移动,重心移动是以南北向为主,东西向为辅。高值密集区和低值密集区均呈缩小趋势。

1995—2013 年以标准差测度的人均碳排放的绝对差异总体上呈增加趋势,以变异系数测度的人均碳排放的相对差异总体上呈减小趋势。1995—2001 年人均碳排放的空间集聚性减弱;2001—2013 年人均碳排放的空间集聚性增强。人均碳排放的高值区集中分布在长三角中部地区,低值区主要分布在苏北地区和浙江南部。人均碳排放拟合曲线,在东西向上由弧形变为倒 U 形,在南北方向上呈倒 U 形。人均碳排放重心主要分布在苏州和无锡,出现大的移动基本以 5 年为周期,这可能与我国实施的"五年计划"有密切关系。重心移动是以南北向为主,东西向为辅。高值密集区主要分布在长三角中部地区,低值密集区主要分布在苏北地区和浙西南地区。

(3) 1995—2013 年城镇化与人均碳排放耦合度与耦合协调度总体上均呈增加趋势,表明城镇化与人均碳排放的相互作用程度总体增强。1995—2013 年各市的耦合协调度总体上呈增加趋势,除 2013 年杭州由极协调阶段转换为高协调阶段外,其他地市的耦合协调度均呈增加趋势,且所处协调发展阶段均是在相邻类型间转换,表明各市的耦合协调度呈平稳增加趋势。耦合协调度拟合曲线,在东西向上由弧形变为倒 U 形,在南北向上倒 U 形。耦合协调度的绝对差异与相对差异均呈波动减小趋势。1995—2013 年长三角地区的耦合协调度存在显著的正空间自相关性,空间关联类型变化不大,高值密集区和低值密集区的数量变化不大,高值密集区空间分布相对集中且稳定,主要分布在长三角中部地区。低值密集区的空间分布变化较大,主要分布在浙南地区和苏北地区。耦合协调度的密度分布曲线明显向右平移,表明 1995—2013 年长三角地区各市的耦合协调度不断提高,城镇化与人均碳排放相互作用程度不断增强。1995—2013 年长三角地区城镇化水平与人均碳排放耦合协调度泰尔指数的平均值为 0.018,总体上均呈波动下降趋势,表明长三角地区城镇化水平与人均碳排放耦合协调度的区域差异波动减小。长三角地区城镇化水平与人均碳排放耦合协调度受多种因素的影响,且各因素对其影响程度不同。人均 GDP 对耦合协调度具有明显的正向作用,提高人均 GDP 是促进城镇化与人均碳排放耦合协调发展的重要途径。长三角地区各市间耦合协调度存在空间溢出效应,可通过设置城镇化水平与人均碳排放耦合协调发展试点城市,充分发挥其引领示范作用,提高耦合协调度。碳排放强度和第二产业比例对耦合协调度具有明显的正向作用,年末总人口对耦合协调度具有负向作用但不明显。

(4) 2013 年,上海、苏州、无锡、镇江、绍兴和舟山的碳排放效率值为 1,说明以上市碳排放效率有效,位于碳排放效率数据包络前沿面上,相比其他市碳排放效率较高,但随着科学技术进步,碳排放仍存在减排空间。在省域层面上,上海碳排放效率值最高,其次是浙江,其效率值高于长三角地区平均值,江苏的碳排放效率值最小,江苏和浙江仍存在较大的提升空间。

(5) 1995—1997 年、1998—1999 年、2000—2001 年、2003—2006 年和 2010—2011 年,碳排放效率呈 σ 收敛,相对差异呈减

小趋势。1997—1998 年、1999—2000 年、2001—2003 年、2006—2010 年和 2011—2013 年,碳排放效率呈发散状态,相对差异增加。碳排放效率存在随机收敛,表明碳排放效率受到的冲击只是短暂的,随着时间变化,这种冲击会消失,长三角地区各市碳排放效率会接近平均碳排放效率。

碳排放效率空间差异明显,形成了以上海为中心的碳排放效率高值区。碳排放效率重心主要分布在苏州市的吴中区和无锡市的宜兴市,总体向东南移动,大致可分为 3 个阶段:1996—2000 年,重心向西北移动了 20.70 km;2001—2010 年,向东南移动了 34.11 km;2011—2013 年,向西北移动了 11.91 km。碳排放效率的热点区与冷点区空间格局变化较大,2013 年,碳排放效率热点区主要分布在嘉兴和宁波。冷点区主要分布在苏北地区,包括徐州、宿迁、淮安、连云港和盐城。

碳排放效率受多种因素的影响,且各因素对碳排放效率的影响程度不同。城镇化对碳排放效率具有明显的正向作用,是提高碳排放效率的重要途径。第二产业的碳排放效率相对较低,第二产业比例越高,碳排放效率越低。在一定阈值范围内,随着人口密度的增加,人们能够充分利用资源和基础设施,提高资源和基础设施的利用率,进而提高碳排放效率。经济水平较高地区,人们更加注重保护环境,同时,政府有足够资金投资低碳技术引入和研发,加强环境治理,有利于提高碳排放效率。外商直接投资带来了先进的技术和管理经验,有助于提高碳排放效率。"十一五"期间的节能减排政策对长三角地区碳排放效率影响不明显。

通过以上研究分析,提出了提高碳排放效率的建议[220]:

首先,长三角地区碳排放效率存在明显的空间差异和不均衡现象,应制定差异化的碳减排政策。上海、苏州、无锡、镇江、绍兴和舟山等碳排放效率为 1 的区域,应加大低碳技术研发,并主动向其他低碳排放效率区提供人员、技术和资金等方面支持,而低碳排放效率区应加快产业优化升级,淘汰落后产能,同时,积极引入先进低碳技术。

其次,城镇化是影响碳排放效率的重要因素,提高城镇化水平是提高碳排放效率的重要途径,应稳步推进城镇化建设,保证城镇化质量,确保低碳城镇化发展;第二产业碳排放效率相对较低,应加强产业结构调整,降低第二产业比例,积极发展低碳产业,优化产业结构,推动产业升级;经济水平相对较高地区,碳排放效率较高,应转变经济发展方式,发展绿色经济和低碳经济;外商直接投资对提高碳排放效率具有正向作用,应制定合理的招商引资政策,引进低能耗、低污染的外商投资,减少高能耗、高污染的外商投资。

最后,长三角地区碳排放效率在各市间存在明显的空间溢出效应,在制定碳减排政策时,应综合考虑相邻市,稳步推进长三角区域一体化战略,加强各市间碳减排政策及技术合作。

(6) 碳排放效率存在绝对 β 收敛和条件 β 收敛,表明碳排放效率较低市的增加速度高于较高市,最终碳排放效率较低市追赶上较高市。长三角地区各市间,碳排放效率增长速度存在明显的空间溢出效应,空间因素对碳排放效率的年均增长率具有重要影响,即本市碳排放效率年均增长率的提高,有助于相邻市碳排放效率的提高。条件 β 收敛表明碳排放效率的变化,除受本市碳排放效率的影响外,还受城镇化水平、产业结构、经济水平和人口密度等因素的影响。当城镇化水平相对较高时,城镇内具有较多的资源,可以较好地进行资源优化配置,提高其管理效率,各种资源可能会得到充分利用,进而提高碳排放效率,形成城镇化与碳排放效率之间的双赢关系。经济水平越高,人们对环境的要求越高,迫使政府更加注重环境保护,增加环境投资,引进先进低碳技术。经济水平相对较高地区,对周围地区具有一定的辐射带动作用,因此,经济水平相对较高地区的相邻地区碳排放效率较高。在经济发展新常态的背景下,应注重转变经济发展方式,积极发展绿色经济和低碳经济,注重提高经济质量与效益,确保经济实现稳定健康可持续发展。调整产业结构,降低第二产业比例,增加第三产业比例,避免高碳产业向中西部地区转移,充分利用各地资源优势,发展优势产业。人口密度与碳排放效率的关系较为复杂,在一定阈值范围内,随着人口密度的增加,各种基础设施和资源可得到充分利用,碳排放效率得到提高。当人口密度超过一定阈值后,由于受到的人口压力过大,各种资源和基础设施的承载负荷过高,可能会影响基础设施和资源的正常使用,导致环境污染与破坏,降低碳排放效率。

(7)城镇化水平与碳排放效率之间呈正相关,且相关性增强的年份分别发生在 1997 年、2007 年和 2012 年,均为中国实施"五年计划"的第二年,因此,"五年计划"的实施可能会影响城镇化水平与碳排放效率之间的相关性。除 1996 年外,本市碳排放效率与相邻市城镇化水平间存在正相关关系,表明提高相邻市城镇化水平,会促进本市碳排放效率的提高。

（8）通过对城镇化水平与碳排放效率的动态演进分析可知，1995—2013 年各市城镇化水平总体上不断提高，长三角地区城镇化水平和碳排放效率的区域差异呈减小趋势。1995—2013 年城镇化水平与碳排放效率之间表现为强脱钩与弱脱钩的反复，其间长三角地区城镇化水平呈不断上升趋势，而碳排放效率可能受到一些国内外重大事件的影响，呈下降趋势。

第六章 长三角地区碳排放峰值研究

　　温室气体排放引起的全球变暖问题,受到各国政府的广泛关注。二氧化碳的增加主要是人类使用化石燃料所致,人类活动可能是引起全球变暖的主要原因之一。中国已成为世界第一大碳排放国,2009 年中国政府提出,2020 年碳排放强度比 2005 年下降 40％～45％,并将其作为约束性指标纳入国民经济和社会发展的中长期规划。2014 年中国正式提出到 2030 年左右中国碳排放量有望达到峰值。2015 年中国向联合国气候变化框架公约秘书处提交了应对气候变化国家自主贡献文件《强化应对气候变化行动——中国国家自主贡献》,提出了到 2030 年,单位国内生产总值二氧化碳排放比 2005 年下降 60％～65％等目标。为了顺利完成以上碳减排目标,除了需要不断引进先进低碳技术,还需要各政府制定科学合理的碳减排政策,以指导各地区碳减排工作,而科学合理的预测碳排放是制定政策的基础。因此,本研究基于改进的 IPAT 模型,结合长三角地区各省市的发展现状,参照现行长三角地区各省市国民经济和社会发展第十三个五年规划的目标及第十二个五年规划的目标完成情况,设置了基准情景、低碳情景和高碳情景,预测长三角地区的碳排放量,并提出了相应的碳排放控制策略。

第一节　数据来源

能源消费总量和用于计算碳排放量的化石燃料消费数据源于 1996—2016 年《中国能源统计年鉴》,化石燃料消耗类型主要包括原油、汽油、煤油、柴油、燃料油、液化石油气、石脑油、沥青、润滑油、炼厂干气、其他石油制品、原煤、洗精煤、其他洗煤、型煤、焦炭、其他焦化产品、煤焦油和天然气等。地区生产总值和工业产品产量源于 1996—2016 年《中国统计年鉴》。人口和平均工资来源于 1996—2016 年《江苏统计年鉴》《浙江统计年鉴》和《上海统计年鉴》。

第二节　碳排放峰值预测模型构建

一、模型介绍

情景分析法是通过对未来的社会经济发展提出各种假设,预测和模拟未来社会经济发展的情景,并分析各种情景所产生影响的方法。以往学者多关注能源消费碳排放峰值,但工业碳排放在总碳排放中占有较大比重,忽略工业碳排放会导致碳排放峰值预测偏低,经第四章分析可知,长三角地区陆地生态系统的碳汇能力较为稳定,因此,本研究采用改进的 IPAT 模型预测长三角地区各省市的能源消费和工业碳排放量。

IPAT 模型又称 Kaya 恒等式,被广泛应用在能源消费碳排放领域中,获得国内外学者的认可,该恒等式可以将碳排放分解为不同因子的乘积形式,其表达式如下:

$$C = P \left[\frac{G}{P}\right] \left[\frac{C}{G}\right] \qquad (6-1)$$

式中,C 为碳排放量(百万吨);P 为人口(万人);G 为国内生产总值(亿元)。

综合分析现有研究成果,选择影响碳排放的主要影响因素,对 IPAT 模型进行改进,预测碳排放量。研究表明,碳排放不仅与经济产出、能源消费情况有关,还与产业结构、科技进步等因素密切相关[221]。产业资本收益率与人均劳动报酬是引起产业结构演变的直接原因,而产业技术进步是引起产业资本收益率与人均劳动报酬变动的直接原因,也是引起产业结构变化的间接原因。产业技术进步与产业劳动者报酬变动之间的相关性较强,可决系数为 0.91[222]。因此,可用 0.91 与产业劳动报酬变动率的乘积表示产业技术进步率,表明技术进步与产业结构演进情况[223]。IPAT 模型需要预测人口的变动情况,而对人口的预测可能会导致研究结果存在一定误差,因此选择直接预测国内生产总值,减少预测变量,可适当减少模型误差。其表达式如下:

$$C = G \left[\frac{E}{G} \right] \left[\frac{C}{E} \right] (1 - 0.91f) \qquad (6-2)$$

式中,E 为能源消费总量(百万吨标准煤);$\frac{E}{G}$ 为单位国内生产总值能源消耗(百万吨·亿元$^{-1}$),$\frac{C}{E}$ 为能源碳排放强度;f 为劳动者报酬率;其他变量与式(6-1)中含义相同。

利用改进的 IPAT 模型,预测未来碳排放的变化,首先设定预测的基年(一般选择 2005 年或 2010 年),本研究选择 2010 年为基年,预测 2010—2050 年国内生产总值、单位国内生产总值能耗、能源碳排放强度和技术因素的变化,进而预测长三角地区各市的碳排放状况。结合过去各因素的变化趋势及五年发展规划目标,设定各因素参数的大小,用于二氧化碳排放总量的预测。

根据长三角地区各省市的发展现状、国民经济和社会发展第十二个五年规划及国民经济和社会发展第十三个五年规划的目标,将 GDP、单位国内生产总值能源消耗、能源碳排放强度和技术因素设置为三种发展情景,分别为基准情景、低碳情景和高碳情景,具体情景描述如下:

基准情景(中值):充分考虑国民经济和社会发展第十二个五年规划的完成情况及国民经济和社会发展第十三个五年规划的目标,结合当前经济发展新常态的现状,以国民经济和社会发展第十三个五年规划为指导,进行严格的节能减排,引进先进低碳技术,淘汰落后产能,提高能源利用效率,降低单位国内生产总值能源消耗和二氧化碳排放量。该情景能够确保经济平稳增长,且保证 2030 年左右实现碳排放峰值时,碳排放总量较低。

低碳情景(低值):在基准情景的基础上,更加注重引进先进低碳技术,增加低碳技术投资,政府、企业和个人均具有较强的低碳意识,优化产业结构,转变经济发展模式,优化能源消费结构,降低煤炭在总能源消耗中的比重,单位国内生产总值能源消耗和二氧化碳排放的降幅较大,能源利用效率得到大幅度提高。该情景下经济发展速度放缓,可能会在 2030 年之前实现碳排放峰值。

高碳情景(高值):不完全按照国民经济和社会发展第十三个五年规划的要求,更加注重追求经济发展速度,虽然关注碳排放问题,单位国内生产总值能源消耗和二氧化碳排放不断下降,但无法确保国家下达的碳减排任务按时完成。该情景下经济发展速度相对较快,但不能确保 2030 年实现碳排放峰值。

二、情景设置

1. 国内生产总值

国内生产总值是衡量一个经济体在一定时期内所有常住单位创造的价值之和,是用于核算国民经济的核心指标,能够表征国民经济的发展状况。当研究长时间序列时,应考虑价格和物量变化对国内生产总值的影响。不变价国内生产总值(GDP)是把当期价格折算成固定时期的价格,能使多年的国内生产总值转换成相同的标准,可消除价格的影响,具有较好的可比性,能反映生产活动实际成果的变动。因此,在本章中,与国内生产总值相关的变量,均转换为 1995 年不变价,如单位国内生产总值能源消耗、平均工资和国内生产总值等。2015 年,上海的国内生产总值(1995 年不变价)为 12 557.488 亿元,江苏的为 30 334.770 亿元,浙江的为 19 185.722 亿元,江苏和浙江的国内生产总值均在全国前四,是经济总量较大的省份。

《中国低碳发展报告(2015—2016)》[224] 指出:从"十一五"到"十二五",年均经济增速从 11.2% 下降到 7.8%,降幅超过 30%,是改革开放以来降幅最大的 5 年。这种长时间的持续下降,不可能是经济发展的短期波动,意味着中国经济发展要从高速发展转向中高速发展,经济发展速度开始逐渐降低。

《中国低碳发展报告 2015》指出,经济增速不超过 5% 是实现 2030 年碳排放峰值的重要前提,因此,要实现碳排放峰值目标,可能会抑制经济发展,应适当放缓经济增速。国务院发展研究中心在其《2030 年的中国》中也预测了经济增速,结果表明,中国经济增速将从"十三五"的 7% 降至"十五五"的 5%,依据国内外节能降碳的历史数据,为确保 2030 年实现碳排放峰值,经济增速应不超过 5%。也有经济学家认为,中国经济在"十三五"到"十五五"期间,仍可保持 7%~8% 的增速。从经济学的角度或许可以实现。但要实现 2030 年碳排放峰值目标,这种高速增长几乎不可能存在。

长三角地区经济发展处于全国领先水平,其中,上海市在"十一五"期间,国内生产总值年均增速为 11.1%,"十二五"规划中将国内生产总值年均增速降至 8%,而实际国内生产总值年均增速为 7.5%,由此可知,"十二五"期间,上海市生产总值增速已

明显下降。2015年上海GDP(当年价)为2.5万亿元,人均GDP
已超过10万元,作为长三角地区的中心,逐渐形成了以服务业
为主的产业结构,第三产业比重已超过67%。中国经济进入新
常态,绿色、低碳和协调发展,已成为共识。上海市应在落实国
家发展战略的条件下,通过优化经济结构,利用创新驱动适应并
引领经济发展新常态。在上海市"十三五"规划中,将经济平均
增速设定为6.5%。依据国内生产总值的发展现状及五年规划
目标,将上海市国内生产总值增速的情景设定如表6-1所示。

表6-1　不同情景下上海市国内生产总值增长速度

年份	低碳情景	基准情景	高碳情景
2010—2015	0.075	0.080	0.085
2015—2020	0.065	0.065	0.070
2020—2025	0.055	0.060	0.065
2025—2030	0.050	0.055	0.060
2030—2035	0.045	0.050	0.055
2035—2040	0.040	0.045	0.050
2040—2045	0.035	0.040	0.045
2045—2050	0.030	0.035	0.040

江苏省在"十一五"期间,国内生产总值年均增速为13.5%,
"十二五"规划中将国内生产总值年均增速下降至10%。在"十
二五"期间,江苏进行了经济转型升级,取得了较好的效果,产业
结构实现了"三二一"的转变,第三产业比重已超过48%。实际
国内生产总值年均增长9.6%,比中国平均增速高1.8个百分点,
在新常态下,江苏省国内生产总值增速也呈现了下降趋势。在

以后的发展中,应转变经济发展方式,更加注重经济发展的质量与效率,不断优化和调整经济结构,发展绿色经济和低碳经济。"十三五"规划目标中,将经济平均增速设定为 7.5%。依据国内生产总值的发展现状及五年规划目标,将江苏省国内生产总值增速的情景设定如表 6-2 所示。

表 6-2　不同情景下江苏省国内生产总值增长速度

年份	低碳情景	基准情景	高碳情景
2010—2015	0.090	0.095	0.100
2015—2020	0.075	0.075	0.080
2020—2025	0.060	0.065	0.070
2025—2030	0.055	0.060	0.065
2030—2035	0.050	0.055	0.060
2035—2040	0.045	0.050	0.055
2040—2045	0.040	0.045	0.050
2045—2050	0.035	0.040	0.045

浙江省在"十一五"期间,国内生产总值年均增速为 12%,"十二五"规划中将国内生产总值年均增速设定为 7%,国内生产总值实际年均增长 7.8%,2015 年浙江省国内生产总值为 43 000 亿元,人均国内生产总值为 78 000 元,第三产业比重超过了第二产业,基本形成了"三二一"的产业结构,但"十二五"期间浙江省生产总值增速明显低于"十一五"期间。为了保证浙江省社会经济平稳健康可持续发展,应注重产业的转型升级,"十三五"规划目标中,将经济平均增速设定为 6.5%。依据国内生产总值的发展现状及规划目标,将浙江省国内生产总值增速设置如表 6-3

所示。

表 6 - 3　不同情景下浙江省国内生产总值增长速度

年份	低碳情景	基准情景	高碳情景
2010—2015	0.065	0.070	0.075
2015—2020	0.065	0.065	0.070
2020—2025	0.055	0.060	0.065
2025—2030	0.050	0.055	0.060
2030—2035	0.045	0.050	0.055
2035—2040	0.040	0.045	0.050
2040—2045	0.035	0.040	0.045
2045—2050	0.030	0.035	0.040

2. 单位国内生产总值能源消耗

单位国内生产总值能源消耗,即生产单位国内生产总值所消耗的能源,与经济结构、能源消费结构和能源效率有关。为了增加国内生产总值的可比性,将其转换为 1995 年不变价。2011年,《"十二五"控制温室气体排放工作方案》确定了"十二五"中国各省市单位国内生产总值二氧化碳排放下降指标,上海、江苏和浙江单位国内生产总值能耗的下降目标均为 18%。通过采取强化措施,积极淘汰落后产能,推广节能产品和技术的应用,加快发展清洁能源,控制能源消费总量,调整能源结构,降低煤炭比重,提高非化石能源消费比重,充分利用新能源和可再生能源,长三角地区按时完成了单位国内生产总值能耗的下降目标。2015 年,上海、江苏和浙江的单位国内生产总值能源消耗分别为0.632 8 t/万元、0.630 9 t/万元和 0.690 5 t/万元。2016 年,《"十三五"控制温室气体排放工作方案》明确了"十三五"时期中国各省市单位国内生产总值能耗下降指标,其中,上海、江苏和浙江单位国内生产总值能耗的下降目标均为17%。在"十二五"和"十三五"期间,上海、江苏和浙江的能耗下降目标均相同,因此,假设2010—2050年上海、江苏和浙江具有相同的能耗下降目标。参照单位国内生产总值能耗的下降速度,设置2010—2050年长三角地区的能耗下降目标如表6-4所示。

表6-4　不同情景下的单位国内生产总值能源消耗降低速度

年份	低碳情景		基准情景		高碳情景	
	累积降低	年均降低	累积降低	年均降低	累积降低	年均降低
2010—2015	−0.190	−0.041	−0.180	−0.039	−0.170	−0.037
2015—2020	−0.180	−0.039	−0.170	−0.037	−0.160	−0.034
2020—2025	−0.170	−0.037	−0.160	−0.034	−0.150	−0.032
2025—2030	−0.160	−0.034	−0.150	−0.032	−0.140	−0.030
2030—2035	−0.150	−0.032	−0.140	−0.030	−0.130	−0.027
2035—2040	−0.140	−0.030	−0.130	−0.027	−0.120	−0.025
2040—2045	−0.130	−0.027	−0.120	−0.025	−0.110	−0.023
2045—2050	−0.120	−0.025	−0.110	−0.023	−0.100	−0.021

3. 技术因素

假设未来40年不发生飞跃性的技术变革,利用不变价工资增长曲线的斜率表征科技进步率。以1995年不变价计算1995—2015年上海职工平均工资,对平均工资做对数,绘制平均工资曲线(图6-1)。由图6-1可知,可决系数为0.997,劳动者报酬率变动系数f为0.105,技术进步值为0.096,社会科技从创新到推广大约需要 5 年。如果技术进步值为 9.6%,技术因素的影响系数 k 为 90.44%,每年的技术影响为 98%。以 2010 年为基期,设定技术因素的影响系数为 1,按照每年的技术影响为 0.98,依次计算出 2010—2050 年技术因素的系数(表 6-5)。由图 6-2 可知,1995—2015 年上海能源消费量与碳排放量拟合曲线的可决系数为 0.944,能源碳排放强度为 1.853。

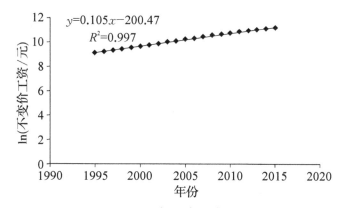

图 6-1　1995—2015 年上海不变价工资拟合曲线

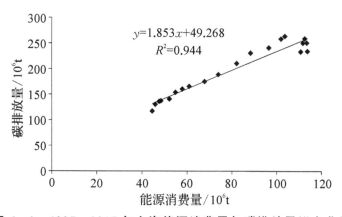

图 6-2　1995—2015 年上海能源消费量与碳排放量拟合曲线

表 6-5 2010—2050 年长三角地区技术因素系数

年份	2010	2011	2012	2013	2014	2015	2016
上海	1.000	1.000	1.000	0.941	0.922	0.904	0.886
江苏	0.980	0.976	0.981	0.930	0.907	0.886	0.864
浙江	0.960	0.953	0.962	0.944	0.926	0.909	0.891
年份	2017	2018	2019	2020	2021	2022	2023
上海	0.868	0.851	0.834	0.817	0.801	0.785	0.769
江苏	0.844	0.823	0.804	0.784	0.766	0.747	0.729
浙江	0.874	0.858	0.841	0.825	0.810	0.794	0.779
年份	2024	2025	2026	2027	2028	2029	2030
上海	0.754	0.739	0.724	0.709	0.695	0.681	0.668
江苏	0.712	0.695	0.678	0.662	0.646	0.630	0.615
浙江	0.764	0.750	0.736	0.722	0.708	0.695	0.681
年份	2031	2032	2033	2034	2035	2036	2037
上海	0.654	0.641	0.628	0.616	0.603	0.591	0.580
江苏	0.600	0.586	0.572	0.558	0.545	0.532	0.519
浙江	0.668	0.656	0.643	0.631	0.619	0.607	0.596
年份	2038	2039	2040	2041	2042	2043	2044
上海	0.568	0.557	0.545	0.535	0.524	0.513	0.503
江苏	0.507	0.494	0.482	0.471	0.460	0.449	0.438
浙江	0.584	0.573	0.562	0.552	0.541	0.531	0.521
年份	2045	2046	2047	2048	2049	2050	
上海	0.493	0.483	0.474	0.464	0.455	0.446	
江苏	0.427	0.417	0.407	0.397	0.388	0.378	
浙江	0.511	0.501	0.492	0.482	0.473	0.464	

由图 6-3 可知,江苏平均工资曲线的可决系数为 0.996,劳动者报酬率变动系数 f 为 0.125,技术进步值为 0.114,社会

科技从创新到推广大约需要 5 年。如果技术进步值为 11.4％，技术因素的影响系数 k 为 88.63％，每年的技术影响为 97.61％。以 2010 年为基期，设定技术因素的影响系数为 1，按照每年的技术影响为 0.976，依次计算出 2010—2050 年江苏的技术影响系数（表 6－5）。由图 6－4 可知，1995—2015 年江苏能源消费量与碳排放量拟合曲线的可决系数为 0.994，能源碳排放强度为 3.066。

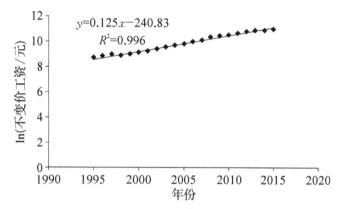

图 6－3　1995—2015 年江苏不变价工资拟合曲线

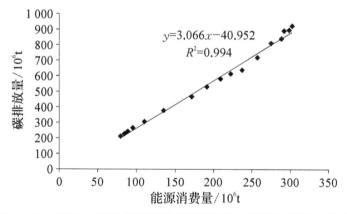

图 6－4　1995—2015 年江苏能源消费量与碳排放量拟合曲线

由图 6-5 可知,浙江平均工资曲线的可决系数为 0.969,劳动者报酬率变动系数 f 为 0.0995,技术进步值为 0.091,社会科技从创新到推广大约需要 5 年。如果技术进步值为 9.1%,技术因素的影响系数 k 为 90.95%,每年的技术影响为 98.12%。以 2010 年为基期,设定技术因素的影响系数为 1,按照每年的技术影响为 0.981,依次计算出 2010—2050 年浙江的技术影响系数(表 6-5)。由图 6-6 可知,1995—2015 年浙江能源消费量与碳排放量拟合曲线的可决系数为 0.991,能源碳排放强度为 2.307。

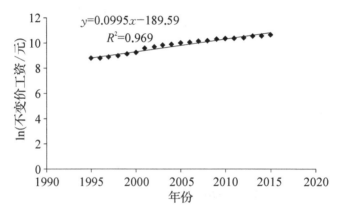

图 6-5　1995—2015 年浙江不变价工资拟合曲线

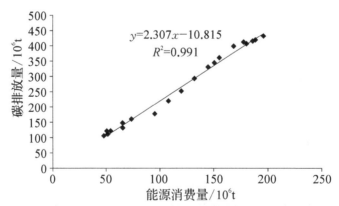

图 6-6　1995—2015 年浙江能源消费量与碳排放量拟合曲线

第三节　不同情景预测结果及分析

为了验证模型的准确性,选择基准情景,比较分析 2010—2015 年实际碳排放值与预测碳排放值的差异(表 6-6)。由表 6-6 可知,2010—2015 年长三角地区碳排放的误差分别为 1.2%、−4.4%、−3.6%、−5.5%、−2.8%、−3.6%,模型误差均在 10%以内,表明改进的 IPAT 模型具有较好的精度和可信性,适合于长三角地区碳排放的预测。

表 6-6　2010—2015 年长三角地区碳排放预测模型精度验证

年份	实际值(10^6 t)	预测值(10^6 t)	误差
2010	1 369.724	1 386.699	0.012
2011	1 479.633	1 415.143	−0.044
2012	1 498.388	1 444.261	−0.036
2013	1 560.180	1 474.069	−0.055
2014	1 548.493	1 504.585	−0.028
2015	1 592.846	1 535.828	−0.036

由表 6-7、表 6-8 和图 6-7 可知,在基准情景下,即以五年规划为指导,上海、江苏、浙江和长三角地区均能够在 2030 年实现碳排放峰值,上海、江苏、浙江和长三角地区的碳排放峰值分别为 237.020 百万吨、978.766 百万吨、432.962 百万吨和 1 648.749 百万吨,表明长三角地区必须严格按照五年规划要求,才能够在 2030 年实现碳排放峰值。国务院印发的《"十三

五"控制温室气体排放工作方案》中明确提出要有效控制碳排放总量,支持优化开发区域率先达到碳排放峰值。长三角地区作为国家重要的优化开发区域之一和中国经济最发达的地区之一,城镇化快速发展,生态环境问题日益凸显,应该在区域低碳转型方面发挥积极的引领示范作用。因此,长三角地区应该在现有规划的基础上,实施更加严格的碳减排政策。

表 6-7　基准情景下长三角地区碳排放预测结果(10^6 t)

年份	上海	江苏	浙江	长三角地区
2010	207.499	790.136	389.064	1 386.699
2011	211.071	811.575	392.497	1 415.143
2012	214.704	833.596	395.961	1 444.261
2013	218.400	856.214	399.455	1 474.069
2014	222.160	879.445	402.980	1 504.585
2015	225.984	903.307	406.536	1 535.828
2016	227.232	913.081	409.198	1 549.511
2017	228.487	922.961	411.877	1 563.325
2018	229.748	932.948	414.574	1 577.270
2019	231.017	943.042	417.288	1 591.347
2020	232.292	953.246	420.020	1 605.559
2021	233.036	956.886	421.794	1 611.717
2022	233.782	960.540	423.576	1 617.898
2023	234.530	964.208	425.366	1 624.104
2024	235.281	967.890	427.162	1 630.334
2025	236.034	971.587	428.967	1 636.587
2026	236.231	973.018	429.763	1 639.012

年份	上海	江苏	浙江	长三角地区
2027	236.428	974.452	430.561	1 641.440
2028	236.625	975.888	431.360	1 643.873
2029	236.823	977.326	432.160	1 646.309
2030	237.020	978.766	432.962	1 648.749
2031	236.647	977.869	432.721	1 647.237
2032	236.274	976.973	432.480	1 645.727
2033	235.902	976.078	432.239	1 644.219
2034	235.530	975.184	431.998	1 642.712
2035	235.159	974.291	431.758	1 641.207
2036	234.211	971.028	430.456	1 635.695
2037	233.267	967.775	429.159	1 630.202
2038	232.327	964.534	427.866	1 624.727
2039	231.391	961.304	426.576	1 619.270
2040	230.458	958.084	425.291	1 613.833
2041	228.954	952.503	422.946	1 604.402
2042	227.459	946.954	420.614	1 595.027
2043	225.975	941.437	418.295	1 585.707
2044	224.500	935.953	415.988	1 576.441
2045	223.034	930.501	413.695	1 567.230
2046	221.012	922.737	410.362	1 554.111
2047	219.008	915.038	407.057	1 541.103
2048	217.023	907.403	403.778	1 528.203
2049	215.055	899.832	400.525	1 515.412
2050	213.105	892.324	397.299	1 502.728

表 6-8   长三角地区碳排放峰值时间及大小(10⁶ t)

地区	基准情景		低碳情景		高碳情景	
	年份	峰值(10⁶ t)	年份	峰值(10⁶ t)	年份	峰值(10⁶ t)
上海	2030	237.020	2020	221.496	2045	285.582
江苏	2030	978.766	2025	965.647	2040	1 102.415
浙江	2030	432.962	2020	400.411	2045	529.824
长三角地区	2030	1 648.749	2020	1 578.805	2040	1913.067

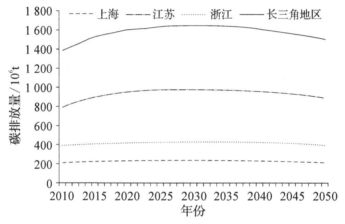

图 6-7   基准情景下长三角地区碳排放变化趋势

由表 6-8、表 6-9 和图 6-8 可知,在低碳情景下,即在适当降低经济增长速度,主动承担更多碳减排任务的前提下,上海、江苏、浙江和长三角地区分别在 2020 年、2025 年、2020 年和 2020 年达到碳排放峰值,达峰时的碳排放量分别为 221.496 百万吨、965.647 百万吨、400.411 百万吨和 1 578.805 百万吨,相比基准情景,达峰的年份均有所提前,达峰的碳排放量分别降低了 15.524 百万吨、13.119 百万吨、32.551 百万吨和 69.944 百万吨。

因此,低碳情景能够确保长三角地区碳排放峰值提前实现,且碳排放量相对较低。

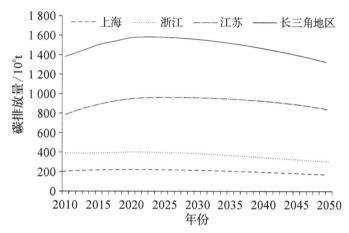

图 6 - 8　低碳情景下长三角地区碳排放变化趋势

表 6 - 9　低碳情景下长三角地区碳排放预测结果(10^6 t)

年份	上海	江苏	浙江	长三角地区
2010	207.499	790.136	389.064	1 386.699
2011	209.579	810.018	389.706	1 409.302
2012	211.679	830.399	390.348	1 432.427
2013	213.801	851.294	390.992	1 456.087
2014	215.944	872.714	391.637	1 480.296
2015	218.109	894.674	392.283	1 505.065
2016	218.782	906.786	393.895	1 519.463
2017	219.457	919.063	395.514	1 534.034
2018	220.135	931.505	397.140	1 548.780
2019	220.814	944.116	398.772	1 563.703

年份	上海	江苏	浙江	长三角地区
2020	221.496	956.898	400.411	1 578.805
2021	220.628	958.642	399.249	1 578.518
2022	219.763	960.388	398.089	1 578.240
2023	218.901	962.138	396.933	1 577.972
2024	218.043	963.891	395.781	1 577.714
2025	217.188	965.647	394.631	1 577.466
2026	215.828	965.152	392.560	1 573.539
2027	214.476	964.657	390.499	1 569.632
2028	213.133	964.162	388.449	1 565.744
2029	211.798	963.668	386.410	1 561.876
2030	210.471	963.174	384.381	1 558.027
2031	208.650	960.389	381.445	1 550.483
2032	206.845	957.611	378.530	1 542.986
2033	205.055	954.841	375.638	1 535.535
2034	203.281	952.080	372.768	1 528.129
2035	201.522	949.326	369.920	1 520.768
2036	199.289	944.279	366.193	1 509.760
2037	197.080	939.259	362.503	1 498.842
2038	194.895	934.265	358.851	1 488.011
2039	192.735	929.299	355.235	1 477.268
2040	190.598	924.358	351.656	1 466.612
2041	188.014	917.163	347.241	1 452.418
2042	185.464	910.024	342.882	1 438.369

年份	上海	江苏	浙江	长三角地区
2043	182.949	902.940	338.577	1 424.466
2044	180.468	895.911	334.327	1 410.706
2045	178.021	888.938	330.129	1 397.087
2046	175.158	879.786	325.152	1 380.097
2047	172.341	870.729	320.250	1 363.321
2048	169.570	861.765	315.422	1 346.758
2049	166.844	852.894	310.667	1 330.404
2050	164.161	844.113	305.983	1 314.257

由表6-8、表6-10和图6-9可知,在高碳情景下,即在经济增长速度高于五年规划的目标时,无法按时完成国家碳减排任务,上海、江苏、浙江和长三角地区分别在2045年、2040年、2045年和2040年达到碳排放峰值,达峰时的碳排放量分别为285.582百万吨、1 102.415百万吨、529.824百万吨、1 913.067百万吨,相比基准情景,达峰时间均有所推迟,无法在2030年达到碳排放峰值,且达峰的碳排放量分别增加了48.562百万吨、123.649百万吨、96.862百万吨、264.318百万吨。因此,高碳情景无法保证2030年长三角地区实现碳排放峰值。

表6-10　高碳情景下长三角地区碳排放预测结果(10^6 t)

年份	上海	江苏	浙江	长三角地区
2010	207.499	790.136	389.064	1 386.699

年份	上海	江苏	浙江	长三角地区
2011	212.563	815.281	395.289	1 423.132
2012	217.750	841.226	401.613	1 460.589
2013	223.064	867.996	408.038	1 499.098
2014	228.508	895.619	414.566	1 538.693
2015	234.085	924.120	421.198	1 579.403
2016	237.049	938.464	426.968	1 602.481
2017	240.051	953.030	432.817	1 625.898
2018	243.092	967.823	438.745	1 649.660
2019	246.170	982.845	444.755	1 673.771
2020	249.288	998.101	450.848	1 698.236
2021	251.861	1 006.616	455.966	1 714.443
2022	254.460	1 015.204	461.142	1 730.806
2023	257.087	1 023.865	466.377	1 747.329
2024	259.740	1 032.600	471.671	1 764.012
2025	262.421	1 041.410	477.026	1 780.857
2026	264.503	1 047.864	481.301	1 793.667
2027	266.601	1 054.358	485.614	1 806.573
2028	268.716	1 060.892	489.966	1 819.574
2029	270.848	1 067.467	494.356	1 832.671
2030	272.996	1 074.083	498.786	1 845.865
2031	274.498	1 078.184	502.042	1 854.724

年份	上海	江苏	浙江	长三角地区
2032	276.008	1 082.302	505.319	1 863.629
2033	277.526	1 086.435	508.617	1 872.578
2034	279.053	1 090.584	511.936	1 881.573
2035	280.588	1 094.749	515.278	1 890.614
2036	281.437	1 096.278	517.364	1 895.078
2037	282.288	1 097.809	519.459	1 899.556
2038	283.142	1 099.342	521.562	1 904.046
2039	283.999	1 100.878	523.674	1 908.550
2040	284.858	1 102.415	525.794	1 913.067
2041	285.003	1 101.237	526.597	1 912.837
2042	285.147	1 100.060	527.402	1 912.610
2043	285.292	1 098.885	528.208	1 912.385
2044	285.437	1 097.710	529.016	1 912.163
2045	285.582	1 096.537	529.824	1 911.943
2046	284.996	1 092.616	529.277	1 906.888
2047	284.411	1 088.709	528.730	1 901.849
2048	283.827	1 084.815	528.183	1 896.825
2049	283.245	1 080.936	527.637	1 891.818
2050	282.663	1 077.070	527.092	1 886.825

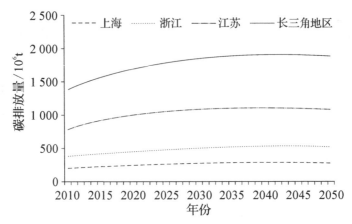

图 6 - 9　高碳情景下长三角地区碳排放变化趋势

在三种情景中,基准情景的经济发展增速、单位国内生产总值的能耗及技术因素等均是依据五年规划目标进行设定的,结果表明,按照五年规划进行社会经济建设,长三角地区能够在2030 年实现碳排放峰值,碳排放量相对较大,为 1 648.749 百万吨。长三角地区作为优化开发区域之一,要率先达到碳排放峰值,必须按照比基准情景要求更高的条件,适当放缓经济增长速度,充分合理地利用各种资源,积极引进先进低碳技术,提高能源利用效率,降低单位国内生产总值能耗。

在三种情景中,上海达到碳排放峰值时的碳排放量,占长三角地区的 14%～15%,上海作为长三角地区的中心,应充分发挥其引领示范作用,在全面实行碳排放总量和强度双控的前提下,争取尽早实现碳排放峰值。充分利用上海能源环境交易所的交易平台,助推长三角地区碳交易市场的构建和低碳发展。加快上海自由贸易区建设,转变经济增长发展方式,优化经济结构,为其他地区的对外开放提供经验借鉴。江苏达到碳排放峰值时的碳排放量,均超过长三角地区的50%,由于其碳排放基数较大,增速较快,增量较大,其重工业所占比重较高,而重工业进行调整的难度较大,江苏应作为长三角地区碳减排的重点调控区。浙江达到碳排放峰值时的碳排放量,占长三角地区的25%~28%,其碳排放量介于上海与江苏之间,浙江省化石能源资源缺乏,可再生能源较为丰富,应优化能源消费结构,充分利用可再生能源和清洁能源。

通过对比三种情景,长三角地区经济发展增速控制到5.5%左右,即可达到碳排放峰值,由于长三角地区经济发展速度较快,可能略高于《中国低碳发展报告2015》中专家所提出的要确保2030年达到碳排放峰值,必须将经济发展增速控制在5%以内的要求。虽然在低碳情景下2020年可实现碳排放峰值,但其对经济增长速度和单位国内生产总值能耗有较高的要求,为了确保长三角地区经济平稳健康可持续发展,可能需要在基准情景和低碳情景之间选择一种比较适合的发展路径,将低碳情景作为最佳可能范围的下限,基准情景作为最佳可能范围的上限。

第四节 低碳发展调控策略研究

预测碳排放峰值主要用于合理碳排放目标的设置,有助于更好地了解长三角地区的碳排放现状和未来变化趋势,能够为制定合理的碳减排政策提供科学依据,进而促进经济发展方式的转变,降低二氧化碳排放,实现绿色低碳发展。

长三角地区的核心区和外围地区仍然存在一定差异,在进一步细化碳减排目标时,应该考虑区域差异,制定差异化的碳减排任务,核心区较为发达,可以在 2030 年前达到碳排放峰值,而外围地区相对落后,可以在 2030 年达到碳排放峰值,给足外围地区发展的时间和空间。同时,核心区低碳发展的经验,可为外围地区提供借鉴,在区域层面,有助于长三角地区整体提前实现碳排放峰值。

碳排放峰值的实现可能由多种变量共同决定,包括经济发展、能源结构、能源消费碳排放、技术水平和产业结构等因素。通过预测分析不同情景下长三角地区碳排放峰值发现,在低碳情景、基准情景和高碳情景下,要尽早实现碳排放峰值,应从以下几方面努力:

第一,适当控制经济发展速度,注重经济发展质量。经济发展进入新常态,应该注重经济发展质量和效率,转变经济发展模式。充分发挥长三角核心区的辐射带动和引领示范作用,引领外围地区社会经济的平稳健康可持续发展。上海作为长三角地区经济发展的中心,应该充分整合长三角地区资源,积极发展以金融业为中心的现代服务业,增加高附加值产业比重。虽然长三角地区总体上,产业结构实现了"三二一"的转变,但江苏重工业比重仍较大,应作为长三角地区碳减排的重点调控区域,注重产业结构调整,降低第二产业比例,尤其是重工业比例,淘汰高排放、高污染和高消耗产业,增加第三产业比例,尤其是增加服务业的比例,转变经济增长方式,发展绿色低碳经济。

　　第二,降低单位国内生产总值能耗。单位国内生产总值能耗与产业结构密切相关,第三产业的能耗明显比第二产业低,因此,应提高第三产业比例,降低能源消耗。同时,能耗与能源利用效率关系较为密切,可通过改进生产工艺,淘汰落后技术,引进先进低碳技术,提高能源利用效率,降低能耗。严格执行节能政策,提高各企业的准入门槛。提高创新能力,优化产业结构,促进产业融合发展,提高产业竞争力。利用市场机制和价格机制,促进能源资源的优化配置,提高地区能源效率。在国际分工中,应尽力争取能耗小、污染少的国际分工前段的研发设计和后段的销售服务,由"中国制造"转向"中国创造",长三角地区是中国制造业较为发达地区之一,产品制造更应转向高附加值的研发设计阶段,以引领中国制造业发展。

　　第三,降低能源碳排放强度,控制能源消费总量。能源碳排放强度与能源消费结构密切相关,应优化区域能源消费结构,发展清洁能源,同时,建立健全用能权的分配制度,培育用能权的交易市场。减少煤炭直接消费量,采用清洁煤炭技术,利用煤炭发电,可以提高煤炭的转换效率,充分利用煤炭,降低碳排放量。加快能源低碳转型,以加大力度部署推动能源生产和消费革命,压缩煤炭消费比例,促进煤炭清洁化利用,大力发展可再生能源和新能源,发展能源互联网和智能电网。提倡"煤改气"和"煤改电",对于积极参与技术改造但存在资金和技术困难的企业,给予资金和技术支持。对于不配合技术改造的给予关停处理。严格企业的准入门槛,加强新引入企业的环境评价,淘汰"三高"产业。积极发展新能源和清洁能源,发挥长三角地区靠近沿海的优势,充分利用水能、风能、潮汐能和核能等。调整行业结构,优化用能结构,降低高能耗、低效率的第二产业比重,根据各行业特点,制定其用能标准。通过媒体宣传,提高人们环保意识,提倡生活方式低碳化,倡导绿色出行,充分利用共享单车和公共交通,购买汽车时,尽量选购电动汽车或低能耗汽车,引导人们使用新能源和清洁能源,尽量避免生活中直接使用煤炭。同时,树立低碳生活新风尚,开展"低碳家庭"评选,加强低碳社区建设。

第四,引进先进低碳技术,增加低碳技术投资,促进低碳技术创新。政府应制定相关政策,引导和扶持低碳技术创新。调整能源价格,引导企业使用低碳技术。通过限制能耗水平、排放额度和可再生能源发电配额等,限制高能耗、高排放和高污染企业发展,督促其采用先进低碳技术,进行低碳技术创新。通过碳税和碳交易有机结合的方式,促进低碳技术创新,通过征收碳税,调整能源间的相对价格。利用碳交易的方式,按照其历史排放水平和需求水平,免费分配给企业一定的碳排放配额,对于一些有盈余碳排放配额的企业,可通过碳交易的方式将盈余配额卖给其他企业,以实现碳减排成本最小化,但交易价格波动会对技术创新有一定影响。低碳技术新产品开始应用与推广时,可能价格相对传统产品高,市场需求量相对较小,政府对该类产品可给予一定扶持,通过政府采购的方式,弥补市场需求的不足。长三角核心区低碳技术较为发达,应该向外围地区输出先进低碳技术,并给予资金和技术人员的支持。

由于长三角地区各市的经济发展基础、产业结构和技术水平等方面存在差异,在进行低碳控制时,各市根据自身特点采取以上四方面控制策略的同时,应结合各市实际情况,制定差异化的控制策略。如上海拥有先进低碳技术,产业结构较为合理,其低碳发展的经验可供长三角地区其他市域学习,应在引进先进技术的同时,积极发展以金融业为中心的现代服务业,增加高附加值产业比重,进一步优化产业结构。南京、镇江和宁波的工业所占比重相对较高,发展较快,需要优化工业结构,发展低碳工业,走新型工业化道路。杭州、苏州、无锡和常州的低碳发展状况较好,应加快发展现代服务业,加强低碳宣传力度,提高人们低碳意识,开展"低碳家庭"评选,加强低碳社区建设。扬州、泰州和南通的重工业所占比例较高,应优化产业结构,降低重工业所占比例。舟山应充分利用其临海优势,增加可再生能源使用比例,充分利用海洋资源,发展海洋生物产业,降低能耗水平,发展海洋经济和旅游业。温州作为低碳试点城市,应改造传统产业,由传统制造环节转向研发设计和销售的高附加值段,积极发展战略性新兴产业和现代服务业,淘汰高污染、高耗能、高排放产业,引导企业低碳生产。绍兴应构建绿色经济模式,提高经济绿色化程度,推动形成绿色生产方式,以"绿色高端、世界领先"为产业发展目标。

第五节　本章小结

参照长三角地区社会经济发展现状和五年规划目标,分别设置基准情景、低碳情景和高碳情景,以 2010 年为基期,运用改进的 IPAT 模型预测了 2010—2050 年碳排放,分析了不同情景

下,碳排放峰值出现的时间及大小,最后提出了长三角地区低碳发展的控制策略。经分析主要得出以下结论:

(1)基准情景下,上海、江苏、浙江和长三角地区均在 2030 年达到碳排放峰值,碳排放量分别为 237.020 百万吨、978.766 百万吨、432.962 百万吨和 1 648.749 百万吨;低碳情景下,上海、江苏、浙江和长三角地区分别在 2020 年、2025 年、2020 年和 2020 年达到碳排放峰值,达峰时的碳排放量分别为 221.496 百万吨、965.647 百万吨、400.411 百万吨和 1 578.805 百万吨;高碳情景下,上海、江苏、浙江和长三角地区分别在 2045 年、2040 年、2045 年和 2040 年达到碳排放峰值,达峰时的碳排放量分别为 285.582 百万吨、1 102.415 百万吨、529.824 百万吨和 1 913.067 百万吨。比较到达碳排放峰值的时间和大小可知,在基准情景和低碳情景下,能够确保碳排放峰值在 2030 年左右实现。但长三角地区作为优化开发区,为积极响应国家"支持优化开发区域率先达到碳排放峰值"的号召,在城镇化进程中,应以基准情景作为发展的下限,以低碳情景作为发展的上限,在能够确保长三角地区社会经济平稳健康可持续发展的前提下,积极发展低碳经济。

(2)江苏碳排放量占长三角地区碳排放总量的一半以上,由于其第二产业比例相对较高,尤其是重工业所占比例偏高,碳排放量相对较大,碳排放调整难度较大,是长三角地区碳减排的重点调控区。上海作为长三角地区的中心,应充分发挥其辐射带动作用,积极向浙江和江苏输出先进低碳技术,引领其走低碳发展之路。浙江能源相对匮乏,对外依赖度较大,应根据自身能源优势,优化能源结构,大力发展风电和生物质能源。

（3）在经济发展进入新常态的背景下,为了能够尽早实现碳排放峰值,长三角地区应从以下几方面进行努力:第一,应注重经济发展速度和质量,适当放缓经济发展速度,转变经济增长方式;第二,通过调整产业结构、引进先进低碳技术、增加低碳技术投资等方式,促进低碳技术创新,提高能源利用效率,降低单位国内生产总值能耗;第三,改变能源消费结构,降低煤炭消费比例,增加新能源与清洁能源比例,充分利用临海优势,发展水能、风能、潮汐能和核能等。

第七章　长三角地区碳排放配额分配研究

　　《"十三五"控制温室气体排放工作方案》中明确了各省份的碳排放强度下降目标,为了保证各省份的碳减排目标按时完成,有必要将各省份的碳减排任务分配到各市。在"十三五"期间,要求对碳排放总量和强度进行双重控制,在总量既定和碳排放强度降低的前提下,如何确定长三角地区各市的科学减排目标,将碳减排任务分配到各市,对顺利完成长三角地区碳减排任务具有重要意义。同时,2017 年 12 月,全国碳排放权交易市场(发电行业)正式启动,碳排放初始配额分配,是进行碳交易的前提和基础。不同国家间碳排放分配,可能要考虑历史责任、社会经济发展状况和人均累加排放等,仅考虑效率是不合适的。而在一个国家或一个地区内部,可通过调整碳排放配额,使效率达到最优,能够促进经济发展,实现碳减排。因此,以长三角地区各市为研究对象,以 2010 年为基期,参照"十二五"与"十三五"国民经济和社会发展规划目标,并结合长三角地区社会经济发展现状,分别设置低碳情景、基准情景和高碳情景,预测"十三五"

期间碳排放及其相关要素的变化,利用零和收益 DEA 模型 (Zero Sum Gains DEA, ZSG - DEA),对碳排放进行多次迭代计算,以使得各市的碳排放效率达到最优。该研究可为市域碳分配建立理论基础,有利于控制碳排放总量和降低碳排放强度。随着中国对碳减排任务的分解,将碳减排任务逐步细化到市域成为趋势,在该背景下,研究长三角地区各市的碳排放分配问题,对中国市域碳排放分配具有重要的借鉴意义。在全国碳排放权交易市场(发电行业)启动之际,该研究可为构建长三角地区区域性碳交易市场,提供新思路和新方法。

第一节 数据来源与研究方法

一、数据来源

基期数据中国内生产总值和常住人口来源于《江苏统计年鉴》《浙江统计年鉴》和《上海统计年鉴》,GDP 数据转换成了 2000 年不变价,各市能源消费和二氧化碳排放数据利用 DMSP/OLS 夜间灯光数据模拟反演获得。以 2010 年数据为基期数据,运用情景分析法,计算获得"十三五"时期相应数据。

二、研究方法

1. 长三角地区碳排放初始效率评价方法——DEA BCC 模型

本研究中利用投入导向的 DEA BCC 模型评估长三角地区碳排放初始效率,其具体表达式如下:

$$\text{Min}\,\theta_o$$

$$\text{s.t.}\begin{cases} \sum_{i=1}^{N}\lambda_i y_{ij} \geqslant y_{oj} & j=1,2,3,\cdots,M \\[2mm] \sum_{i=1}^{N}\lambda_i x_{ik} \leqslant \theta_o x_{ok} & k=1,2,3,\cdots,R \\[2mm] \sum_{i=1}^{N}\lambda_i = 1 & i=1,2,3,\cdots,N \\[2mm] \lambda_i > 0 & i=1,2,3,\cdots,N \end{cases} \qquad (7-1)$$

式中，θ_o 为市域的相对效率，λ_i 为相对组合比例，y_{ij} 为第 i 个决策单元(Decision Making Unit, DMU)的第 j 种产出，x_{ik} 为第 i 个 DMU 的第 k 种投入。

2. 长三角地区碳排放分配方案优化方法——零和收益 DEA 模型(ZSG - DEA)

DEA BCC 模型假设各决策单元的投入或产出之间是独立的，即某一决策单元使用某投入，不会影响其他决策单元对该投入的使用，仅能测算出各决策单元的相对效率，无法引导各决策单元进行投入的重新分配，以实现各决策单元的 DEA 效率提升。而在碳排放总量控制的条件下，各市碳排放的分配存在"此消彼长"现象，即一个市碳排放增加，其他市碳排放会减少，这种现象体现了"零和收益"思想，因此，将"零和收益"思想和 DEA 模型结合，构建了投入导向的零和收益 DEA 模型，对于无效率市二氧化碳排放量进行重新分配，以实现各市碳排放效率最优。

在投入导向的 ZSG - DEA 模型中，假设无效决策单元

DMU$_o$的效率值为h_{Ro},要使得DMU$_o$有效,第k种投入必须减少$d_o = x_{ok}(1-h_{Ro})$,并将d_o按照DMU$_i$占第k种投入的比例分配给DMU$_i$,DMU$_i$得到的第k种投入为

$$\frac{x_{ik}}{\sum\limits_{i \neq o} x_{ik}} \cdot x_{ok}(1-h_{Ro}) \qquad (7-2)$$

式中,x_{ik}为第i个DMU第k种投入,h_{Ro}为第o个DMU的ZSG-DEA效率。

所有的DMU按照式(7-2)比例消减后,DMU$_i$得到的第k种投入有两部分组成,一部分来自其他DMU分配,另一部分是DMU$_i$需要消减的,具体分配配额如下式:

$$x'_{ik} = \sum_{o \neq i} \left[\frac{x_{ik}}{\sum\limits_{i \neq o} x_{ik}} \cdot x_{ok}(1-h_{Ro}) \right] - x_{ik}(1-h_{Ri})$$

$$i = 1,2,3,\cdots,N \qquad (7-3)$$

假设评价系统中有N个决策单元,R种投入,M种产出,依据比例消减策略,可将投入导向的ZSG-DEA BCC模型表示如下:

$$\text{Min} \, h_{Ro}$$

$$\text{s.t.} \begin{cases} \sum\limits_{i=1}^{N} \lambda_i y_{ij} \geqslant y_{oj} & j = 1,2,3,\cdots,M \\ \sum\limits_{i=1}^{N} \lambda_i x_{ik} \left[1 + \frac{x_{ok}(1-h_{Ro})}{\sum\limits_{i \neq o} x_{ik}} \right] \leqslant h_{Ro} x_{ok} & k = 1,2,3,\cdots,R \\ \sum\limits_{i=1}^{N} \lambda_i = 1 & i = 1,2,3,\cdots,N \\ \lambda_i > 0 & i = 1,2,3,\cdots,N \end{cases}$$

$$(7-4)$$

式中,λ_i 为相对组合比例,y_{ij} 为第 i 个 DMU 的第 j 种产出,x_{ik} 为第 i 个 DMU 的第 k 种投入。

所有的决策单元均按照式(7 - 3)重新分配投入,重新分配后的决策单元参照式(7 - 4)计算,有些决策单元仍无法达到 DEA 有效边界,解决该问题的方式有两种,一种是比例消减法[225],另一种是迭代法[226]。本研究中使用迭代法,经过多次迭代,投入 k 进行了多次再分配,最终所有的 DMU 均有效,该分配结果即最佳的分配方案。

第二节 碳排放配额分配模型构建

一、指标选择

二氧化碳是非期望产出,本研究中采用常用的处理方法,将其作为投入要素。借鉴现有研究成果[136,143],将二氧化碳作为唯一的投入要素,将 GDP、人口和能源消费作为产出要素。由于各投入与产出要素存在区域差异,因此,选择可变规模收益(variable return to scale,VRS)的模型。

二、情景设置

参照"十二五"和"十三五"规划的目标,设置 2010—2020 年国内生产总值的情景,具体见表 7 - 1。"十三五"期间,设置上海、江苏和浙江的人口自然增长率分别为 6.9‰、5‰ 和 7.2‰。参照《"十二五"控制温室气体排放工作方案》和《"十三五"控制温室气体排放工作方案》中规定的单位国内生产总值能源消耗目标,设置单位国内生产总值能源消耗(表7-2)和碳排放强度降低速度(表7-3)。

表7-1　不同情景下的国内生产总值增长速度

年份	低碳情景			基准情景			高碳情景		
	上海	江苏	浙江	上海	江苏	浙江	上海	江苏	浙江
2010—2015	0.075	0.090	0.065	0.080	0.095	0.070	0.085	0.100	0.075
2015—2020	0.065	0.075	0.065	0.065	0.075	0.065	0.070	0.080	0.070

表7-2　不同情景下的单位国内生产总值能源消耗降低速度

年份	低碳情景		基准情景		高碳情景	
	累积降低	年均降低	累积降低	年均降低	累积降低	年均降低
2010—2015	−0.190	−0.041	−0.180	−0.039	−0.170	−0.037
2015—2020	−0.180	−0.039	−0.170	−0.037	−0.160	−0.034

表7-3　不同情景下的碳排放强度降低速度

年份	低碳情景		基准情景		高碳情景	
	累积降低	年均降低	累积降低	年均降低	累积降低	年均降低
2010—2015	−0.200	−0.044	−0.190	−0.041	−0.180	−0.039
2015—2020	−0.215	−0.047	−0.205	−0.045	−0.195	−0.042

第三节　碳排放初始配额分配及优化分配研究

一、碳排放初始配额分配研究

借鉴现有研究成果 Gomes 等[136]与 Zeng 等[143],以 CO_2 为

投入要素,以 GDP(2000 年不变价)、能源消费和人口为产出要素。利用 DEAP 2.1 软件和 Excel 规划求解功能,计算长三角地区各市基准情景、低碳情景和高碳情景下 2020 年的 DEA 效率和 ZSG - DEA 效率,计算结果如表 7 - 4,表 7 - 5 和表 7 - 6所示。

1. **碳排放初始方案配额研究**

由表 7 - 4 可知,在基准情景下,2020 年上海、苏州和无锡碳排放量较高,分别为 25 533.406 万吨、14 731.912 万吨和7 756.508 万吨,占长三角地区碳排放总量比例均超过 5%,分别为 16.619%、9.589% 和 5.048%。丽水、衢州和舟山的碳排放量相对较低,分别为 1 660.972 万吨、1 600.941 万吨和746.043 万吨,占长三角地区碳排放总量比例均低于 2%,分别为 1.081%、1.042% 和 0.486%。

表 7 - 4　基准情景下 2020 年长三角地区各市碳排放配额分配及效率

地区	碳排放预测值（万吨）	初始 DEA 效率	ZSG - DEA 效率值			最终碳排放配额（万吨）	碳减排量（万吨）
			初始值	第一次迭代	第二次迭代		
上海	25 533.406	1.000	1.000	1.000	1.000	27 253.456	−1 720.050
南京	7 448.163	0.952	0.955	0.997	1.000	7 571.842	−123.679
无锡	7 756.508	0.985	0.986	1.000	0.999	8 162.068	−405.560
徐州	6 596.259	0.911	0.914	0.995	1.000	6 413.824	182.436
常州	5 685.692	0.881	0.885	0.993	1.000	5 349.462	336.230
苏州	14 731.912	0.882	0.892	0.994	1.000	13 872.387	859.525
南通	7 428.031	0.886	0.890	0.993	1.000	7 021.324	406.707
连云港	4 292.257	0.894	0.896	0.993	1.000	4 094.059	198.198

续　表

淮安	4 066.902	0.906	0.908	1.000	0.994	3 954.263	112.638
盐城	6 367.776	0.898	0.902	0.994	1.000	6 102.091	265.685
扬州	5 194.463	0.883	0.886	0.993	1.000	4 894.366	300.097
镇江	4 502.520	0.885	0.888	0.993	1.000	4 253.317	249.203
泰州	4 959.043	0.885	0.890	0.992	1.000	4 686.058	272.985
宿迁	3 546.044	0.920	0.922	0.995	1.000	3 481.472	64.572
杭州	7 483.475	1.000	1.000	1.000	1.000	7 987.464	−503.989
宁波	7 314.794	0.950	0.952	0.997	1.000	7 417.657	−102.863
温州	4 376.547	1.000	1.000	1.000	1.000	4 671.371	−294.825
嘉兴	5 152.753	0.912	0.915	0.995	1.000	5 015.728	137.024
湖州	3 648.804	0.918	0.920	0.995	1.000	3 575.699	73.106
绍兴	4 595.667	0.968	0.969	0.998	1.000	4 749.595	−153.928
金华	4 790.703	0.928	0.930	0.996	1.000	4 744.886	45.816
衢州	1 600.941	0.958	0.958	0.999	1.000	1 638.576	−37.635
舟山	746.043	1.000	1.000	1.000	1.000	796.300	−50.257
台州	4 160.531	0.954	0.955	0.997	1.000	4 237.499	−76.968
丽水	1 660.972	0.954	0.954	1.000	0.998	1 695.439	−34.468

地区	最终 DEA 效率	投入产出变量松弛变量			
		碳排放量（万吨）	人口（万人）	能源消耗量（万吨）	GDP（亿元）
上海	1.000	0.000	0.000	0.000	0.000
南京	1.000	0.000	18.711	0.000	0.000
无锡	0.999	0.000	280.769	84.044	0.000
徐州	1.000	0.000	0.000	0.000	907.433
常州	1.000	0.000	47.031	0.000	14.139
苏州	1.000	0.000	239.762	0.000	0.000
南通	1.000	0.000	0.000	0.000	385.218

— 243 —

地区	最终 DEA 效率	投入产出变量松弛变量			
		碳排放量（万吨）	人口（万人）	能源消耗量（万吨）	GDP（亿元）
连云港	1.000	0.000	0.000	0.000	1 641.651
淮安	0.994	0.000	0.000	0.000	1 455.455
盐城	1.000	0.000	0.000	0.000	1 345.770
扬州	1.000	0.000	28.417	0.000	718.363
镇江	1.000	0.000	104.754	0.000	142.296
泰州	0.999	0.000	0.000	0.000	984.511
宿迁	1.000	0.000	0.000	0.000	1 906.628
杭州	1.000	0.000	0.000	0.000	0.000
宁波	1.000	0.000	0.000	0.000	0.000
温州	1.000	0.000	0.000	0.000	0.000
嘉兴	1.000	0.000	23.775	0.000	804.371
湖州	1.000	0.000	63.689	0.000	802.353
绍兴	1.000	0.000	20.934	0.000	0.000
金华	1.000	0.000	0.000	0.000	834.397
衢州	0.999	0.000	0.000	0.000	511.781
舟山	1.000	0.000	0.000	0.000	0.000
台州	1.000	0.000	0.000	0.000	0.000
丽水	0.997	0.000	0.000	0.000	761.838

注：碳减排量是各市碳排放预测值和最终碳排放配额之差，其为负表示该市可增加碳排放量。

由表 7-5 可知，在低碳情景下，2020 年上海、苏州和无锡碳排放量占长三角地区碳排放总量较高，所占比重依次为 16.619％、9.589％和 5.048％，碳排放量依次为 24 900.969 万吨、14 367.017 万吨和 7 564.387 万吨；舟山、衢州和丽水碳排放

占长三角地区碳排放总量比重相对较低,所占比重依次为
0.486%、1.042% 和 1.081%,碳排放量依次为 727.564 万吨、
1 561.288 万吨和 1 619.831 万吨。与基准情景相比,各市碳排
放占长三角地区总碳排放量的比重基本一致,碳排放量有所
减少。

表 7 - 5　低碳情景下 2020 年长三角地区各市碳排放配额分配及效率

地区	碳排放预测值（万吨）	初始 DEA 效率	ZSG - DEA 效率值			最终碳排放配额（万吨）	碳减排量（万吨）
			初始值	第一次迭代	第二次迭代		
上海	24 900.969	1.000	1.000	1.000	1.000	26 571.925	−1 670.955
南京	7 263.679	0.952	0.955	0.997	1.000	7 382.605	−118.926
无锡	7 564.387	0.985	0.986	0.999	1.000	7 950.792	−386.405
徐州	6 432.876	0.911	0.914	0.995	1.000	6 254.385	178.492
常州	5 544.863	0.881	0.885	0.993	1.000	5 215.683	329.180
苏州	14 367.017	0.882	0.892	0.994	1.000	13 525.495	841.522
南通	7 244.046	0.886	0.895	0.992	1.000	6 867.254	376.792
连云港	4 185.942	0.894	0.896	0.994	1.000	3 994.289	191.653
淮安	3 966.168	0.906	0.908	0.994	1.000	3 833.379	132.789
盐城	6 210.052	0.898	0.902	0.994	1.000	5 949.491	260.562
扬州	5 065.801	0.883	0.886	0.993	1.000	4 771.967	293.834
镇江	4 390.997	0.885	0.888	0.993	1.000	4 146.951	244.046
泰州	4 836.212	0.885	0.888	1.000	0.993	4 598.184	238.028
宿迁	3 458.212	0.920	0.922	0.999	0.996	3 409.261	48.951
杭州	7 298.117	1.000	1.000	1.000	1.000	7 787.853	−489.736
宁波	7 133.614	0.950	0.952	0.997	1.000	7 232.185	−98.571

续 表

地区	碳排放预测值（万吨）	初始DEA效率	ZSG-DEA效率值			最终碳排放配额（万吨）	碳减排量（万吨）
			初始值	第一次迭代	第二次迭代		
温州	4 268.144	1.000	1.000	1.000	1.000	4 554.554	−286.410
嘉兴	5 025.124	0.912	0.915	0.995	1.000	4 890.296	134.828
湖州	3 558.427	0.918	0.920	0.995	1.000	3 486.279	72.148
绍兴	4 481.837	0.968	0.969	0.998	1.000	4 630.868	−149.031
金华	4 672.042	0.928	0.930	0.996	1.000	4 626.228	45.814
衢州	1 561.288	0.958	0.958	0.997	1.000	1 595.744	−34.456
舟山	727.564	1.000	1.000	1.000	1.000	776.387	−48.822
台州	4 057.479	0.954	0.955	0.998	0.999	4 134.299	−76.820
丽水	1 619.831	0.954	0.954	0.997	1.000	1 648.336	−28.505

地区	最终DEA效率	投入产出变量松弛变量			
		碳排放量（万吨）	人口（万人）	能源消耗量（万吨）	GDP（亿元）
上海	1.000	0.000	0.000	0.000	0.000
南京	1.000	0.000	18.711	0.000	0.000
无锡	1.000	0.000	280.768	82.313	0.000
徐州	1.000	0.000	0.000	0.000	907.434
常州	1.000	0.000	47.031	0.000	14.139
苏州	1.000	0.000	239.763	0.000	0.000
南通	0.997	0.000	0.000	0.000	385.219
连云港	0.999	0.000	0.000	0.000	1 641.649
淮安	1.000	0.000	0.000	0.000	1 455.455
盐城	1.000	0.000	0.000	0.000	1 345.769
扬州	1.000	0.000	28.417	0.000	718.363
镇江	1.000	0.000	104.754	0.000	142.295

地区	最终 DEA 效率	投入产出变量松弛变量			
		碳排放量（万吨）	人口（万人）	能源消耗量（万吨）	GDP（亿元）
泰州	0.993	0.000	0.000	0.000	984.510
宿迁	0.996	0.000	0.000	0.000	1 906.629
杭州	1.000	0.000	0.000	0.000	0.000
宁波	1.000	0.000	0.000	0.000	0.000
温州	1.000	0.000	0.000	0.000	0.000
嘉兴	1.000	0.000	23.775	0.000	804.371
湖州	1.000	0.000	63.690	0.000	802.352
绍兴	1.000	0.000	20.934	0.000	0.000
金华	1.000	0.000	0.000	0.000	834.395
衢州	1.000	0.000	0.000	0.000	511.780
舟山	1.000	0.000	0.000	0.000	0.000
台州	0.999	0.000	0.000	0.000	0.000
丽水	1.000	0.000	0.000	0.000	761.837

注：碳减排量是各市碳排放预测值和最终碳排放配额之差，其为负表示该市可增加碳排放量。

由表 7-6 可知，在高碳情景下，2020 年上海、苏州和无锡碳排放量占长三角地区碳排放总量的比例超过 5%，碳排放量相对较高，所占比例依次为 16.621%、9.588% 和 5.048%，碳排放量依次为 26 793.978 万吨、15 455.860 万吨和 8 137.674 万吨；舟山、衢州和丽水的碳排放量占长三角地区碳排放总量的比例在 2% 以下，所占比例偏低，舟山的比例最低，仅为 0.486%，碳排放量最少，为 782.875 万吨。与基准情景和低碳情景相比，各市碳排放量在长三角地区的总碳排放量中所占比例基本相同，碳排放量有所增加。

表 7-6　高碳情景下 2020 年长三角地区各市碳排放配额分配及效率

地区	碳排放预测值（万吨）	初始DEA效率	ZSG-DEA 效率值			最终碳排放配额（万吨）	碳减排量（万吨）
			初始值	第一次迭代	第二次迭代		
上海	26 793.978	1.000	1.000	1.000	1.000	28 602.729	-1 808.751
南京	7 814.176	0.952	0.955	0.997	1.000	7 945.130	-130.953
无锡	8 137.674	0.985	0.986	1.000	1.000	8 562.968	-425.295
徐州	6 920.409	0.911	0.914	0.995	1.000	6 730.098	190.311
常州	5 965.095	0.881	0.885	0.993	1.000	5 613.141	351.954
苏州	15 455.860	0.882	0.892	0.994	1.000	14 556.130	899.729
南通	7 793.055	0.886	0.891	0.995	0.999	7 376.707	416.349
连云港	4 503.185	0.894	0.896	0.994	1.000	4 298.792	204.392
淮安	4 266.755	0.906	0.908	0.994	1.000	4 125.580	141.175
盐城	6 680.697	0.898	0.902	0.994	1.000	6 402.980	277.717
扬州	5 449.726	0.883	0.886	0.993	1.000	5 135.613	314.113
镇江	4 723.780	0.885	0.888	0.993	1.000	4 462.970	260.810
泰州	5 202.737	0.885	0.888	0.993	1.000	4 912.877	289.860
宿迁	3 720.302	0.920	0.922	0.995	1.000	3 653.153	67.148
杭州	7 852.931	1.000	1.000	1.000	1.000	8 383.050	-530.120
宁波	7 675.922	0.950	0.952	0.997	1.000	7 784.939	-109.017
温州	4 592.615	1.000	1.000	1.000	1.000	4 902.644	-310.029
嘉兴	5 407.141	0.912	0.915	0.995	1.000	5 264.074	143.067
湖州	3 828.944	0.918	0.920	0.995	1.000	3 752.744	76.200
绍兴	4 822.553	0.968	1.000	0.969	1.000	4 985.325	-162.772
金华	5 027.217	0.928	0.930	0.996	1.000	4 979.817	47.400
衢州	1 679.979	0.958	0.958	0.997	1.000	1 717.707	-37.728
舟山	782.875	1.000	1.000	1.000	1.000	835.724	-52.849
台州	4 365.935	0.954	0.955	0.997	1.000	4 447.300	-81.366
丽水	1 742.973	0.954	0.954	0.997	1.000	1 774.319	-31.346

续　表

地区	最终 DEA 效率	投入产出变量松弛变量			
		碳排放量（万吨）	人口（万人）	能源消耗量（万吨）	GDP（亿元）
上海	1.000	0.000	0.000	0.000	0.000
南京	1.000	0.000	18.530	0.000	0.000
无锡	0.999	0.000	280.557	87.643	0.000
徐州	1.000	0.000	0.000	0.000	929.180
常州	1.000	0.000	46.928	0.000	14.534
苏州	1.000	0.000	239.481	0.000	0.000
南通	0.999	0.000	0.000	0.000	394.642
连云港	0.999	0.000	0.000	0.000	1 680.432
淮安	1.000	0.000	0.000	0.000	1 489.887
盐城	1.000	0.000	0.000	0.000	1 377.737
扬州	1.000	0.000	28.323	0.000	735.289
镇江	1.000	0.000	104.673	0.000	145.698
泰州	1.000	0.000	0.000	0.000	1 007.876
宿迁	1.000	0.000	0.000	0.000	1 951.650
杭州	1.000	0.000	0.000	0.000	0.000
宁波	1.000	0.000	0.000	0.000	0.000
温州	1.000	0.000	0.000	0.000	0.000
嘉兴	1.000	0.000	23.775	0.000	823.431
湖州	1.000	0.000	63.690	0.000	821.365
绍兴	1.000	0.000	20.934	0.000	0.000
金华	1.000	0.000	0.000	0.000	854.167
衢州	1.000	0.000	0.000	0.000	523.907
舟山	1.000	0.000	0.000	0.000	0.000
台州	1.000	0.000	0.000	0.000	0.000
丽水	1.000	0.000	0.000	0.000	779.890

注：碳减排量是各市碳排放预测值和最终碳排放配额之差，其为负表示该市可增加碳排放量。

2. 碳排放初始方案效率研究

由表 7-4 可知,在基准情景下,初始 DEA 效率值存在一定差异,上海、杭州、温州和舟山的碳排放效率值最高,为 1,表明以上各市的碳排放效率在数据包络前沿面上,实现了 DEA 有效。上海和杭州由于具有良好的发展区位、经济发展基础、产业结构及先进的低碳生产技术等,较容易实现 DEA 有效。作为国家低碳城市的温州,在生态文明理念的指引下,通过积极推进低碳产业转型,已形成了较为完备的低碳产业体系。常州的碳排放效率最低,为 0.881,碳排放效率平均值为 0.940,表明 2020 年长三角地区碳排放的平均效率水平较高,但未实现全部市的 DEA 有效。在低碳情景和高碳情景下,长三角地区碳排放初始 DEA 效率与基准情景基本一致,可得到相似的结论。

在基准情景下,长三角地区碳排放效率低于 0.9 的市有 8个,高于 0.9 的有 17 个,占总市数的 68%,碳排放效率值为 1 的有 4 个,分别为上海、杭州、温州和舟山。13 个市的碳排放效率大于 0.9 小于 1,距有效边界较近,长三角地区碳排放效率整体较高,但尚未达到 DEA 有效边界,为了使各市均达到 DEA 有效边界,有必要重新分配碳排放配额。

二、碳排放配额优化分配研究

1. 碳排放配额优化分配方案研究

利用 ZSG-DEA 模型对 2020 年长三角地区各市的碳排放配额进行优化调整后,最终得到效率最优的碳排放配额分配方案。由表 7-4 中的第 7 列可知,在基准情景下,2020 年占长三角地区碳排放比重 5% 以上的有 4 个市,即 2020 年碳排放相对较高地区,与初始分配方案相比,5％以上的市数增加,其中,所占比重最高的是上海,占长三角地区碳排放总量的17.738％,碳排放量为27 253.456万吨;其次依次为苏州、无锡和杭州,占长三角地区比重分别为9.029％、5.312％和5.199％,碳排放量依次为13 872.387万吨、8 162.068万吨和7 987.464万吨;而占长三角地区碳排放总量2％以下的市主要有舟山、衢州和丽水,其中,舟山最低,为796.300万吨,仅占长三角地区碳排放总量的0.518％。

由表7－5中的第7列可知,在低碳情景下,2020年上海、苏州、无锡和杭州的碳排放配额相对较高,分别为26 571.925万吨、13 525.495万吨、7 950.792万吨和7 787.853万吨,占长三角地区比重分别为17.734％、9.027％、5.306％和5.198％。舟山、衢州和丽水的碳排放配额相对较低,分别为776.387万吨、1 595.744万吨和1 648.336万吨,占长三角地区的比重分别为0.518％、1.065％和1.100％。与基准情景相比,碳排放配额相对较高市和较低市没有变化,只是它们的碳排放配额有一定减少,同时,各市碳排放配额占长三角地区比重轻微下降。

由表7－6中的第7列可知,在高碳情景下,2020年上海、苏州、无锡和杭州的碳排放配额相对较高,分别为28 602.729万吨、14 556.130万吨、8 562.968万吨和8 383.050万吨,占长三角地区总碳排放配额比重分别为17.742％、9.029％、5.312％和5.200％。舟山、衢州和丽水的碳排放配额相对较低,分别为835.724万吨、1 717.707万吨和1 774.319万吨,占长三角地区总碳排放配额比重分别为0.518％、1.066％和1.101％。与基准情景相比,各市的碳排放配额排序没有变化,排放配额较高市与较低市相同,由于高碳情景下长三角地区总配额增加,所以,各市分配到的碳排放配额有一定增加,排放配额较高市与较低市占长三角地区总配额的比重均有所增加。

与初始分配配额相比,优化分配后的各市碳排放配额有一定的调整,由于长三角地区分配到的碳排放配额总量固定,使用零和收益 DEA 模型优化碳排放分配时,一些市碳排放增加,另一些市碳排放减少。在基准情景下具体调整数额如表 7−4 中的第 8 列所示,上海、杭州、无锡、温州、绍兴、南京、宁波、台州、舟山、衢州和丽水的碳减排量为负值,表明以上各市增加相应数量的碳排放,可实现 DEA 有效。上海是增加配额最多的市,高达 1 720.050 万吨,也是在最终碳排放配额分配中最高的,高达 27 253.456 万吨;金华、宿迁、湖州、淮安、嘉兴、徐州、连云港、镇江、盐城、泰州、扬州、常州、南通和苏州的碳减排量为正,表明以上各市需要减少相应数量的碳排放,才能实现 DEA 有效。其中,苏州需减少的碳排放最多,为 859.525 万吨。在低碳情景下具体调整配额如表 7−5 中的第 8 列所示,碳减排量为负值和正值的市与基准情景相同,其中,上海需增加配额最多,为 1 670.955 万吨,在最终碳排放配额分配中最高,为 26 571.925 万吨;需减少最多的仍为苏州,需减少 841.522 万吨,与基准情景相比,上海和苏州需要增加或减少的碳排放配额均降低。在高碳情景下,需要增加或减少碳排放配额情况基本与基准情景相似,与低碳情景相比,上海和苏州需要增加或减少的碳排放配额均升高。

2. 碳排放优化分配效率研究

在"十三五"期间,国家要求进行碳排放总量和强度的双重调控,因此,在碳排放强度按照目标降低的前提下,有必要将碳排放总量作为约束条件,研究碳排放配额分配问题,而 DEA BCC 模型无法满足碳排放总量不变的要求,因此,有必要使用 ZSG－DEA 模型。按照比例消减的策略,对碳排放配额进行重新分配,使用迭代法计算 ZSG－DEA 效率,由表 7－4 可知,ZSG－DEA 模型初始效率值的平均值为 0.935,第一次迭代后,各市碳排放效率均出现了明显提高,ZSG－DEA 模型的效率平均值提高到 0.996,第二次迭代后,ZSG－DEA 效率值均接近 1,表明各市基本达到 DEA 有效边界,碳排放配额每经过一次调整,碳排放效率均有一定程度的提高。对比表 7－4 的第 3 列和第 4 列可知,ZSG－DEA 模型的初始效率值均大于等于传统 DEA BCC 模型,说明 ZSG－DEA 模型的有效边界位于传统 DEA BCC 模型的下方。由表 7－5 和表 7－6 可知,在低碳情景和高碳情景下,ZSG－DEA 初始效率值、第一次迭代效率值和第二次迭代效率值虽有一定差别,但相差不大,与基准情景下 ZSG－DEA 效率表现的特征相似。

为了验证 ZSG－DEA 效率,使用传统 DEA BCC 模型测算经过碳排放配额调整后的效率,结果表明,基准情景、低碳情景和高碳情景下,各市 DEA 效率值均接近于 1,由最终分配结果投入产出的松弛变量可知,碳排放的松弛变量均为 0,主要是由于受碳排放总量的限制,基准情景和低碳情景下,南京、绍兴、嘉兴、扬州、常州、湖州、镇江、苏州和无锡的人口松弛变量为正,无锡能源消耗量的松弛变量为正,常州、镇江、南通、衢州、扬州、丽水、湖州、嘉兴、金华、徐州、泰州、盐城、淮安、连云港和宿迁的GDP的松弛变量为正,表明以上市为弱 DEA 有效,即保持投入不变,可提高相应数量的产出。在高碳情景下,人口和能源消耗量的松弛变量与基准情景相差不大,由于经济发展速度相对较快,GDP 松弛变量比基准情景和低碳情景的大。

第四节　优化分配与行政分配碳排放 强度差异性研究

由表 7-7 可知,基准情景下,"十三五"期末长三角地区经优化分配后碳排放强度与行政分配的碳排放强度下降目标间存在一定差异,上海、无锡、杭州、温州、绍兴和舟山的碳排放强度下降目标低于行政分配目标,其他市与之相反。差异最大的市包括上海、杭州、温州和舟山。上海、杭州和温州经济较为发达,具有先进的低碳技术,而舟山由于其具有丰富的海洋资源,碳排放量相对较小,碳排放强度较低。以上各市行政分配的碳排放强度目标相对较高,政府希望以上各市能够充分发挥自身优势,挖掘潜能,在以后的低碳发展中充分发挥引领示范作用。常州的碳排放强度下降目标高于行政分配目标,且相差最大,由于常州市经济总量和碳排放总量相对较高,碳排放效率相对较低。现阶段行政分配碳排放强度目标仅分配到省域,上海、江苏和浙江行政分配的碳排放强度目标相同,这样会使得碳排放效率有所损失。在能够完成长三角地区碳排放总量和强度下降目标的前提下,可以根据效率最优的原则,适当调整碳排放配额,以实现长三角地区各市的效率最优化。

表 7-7　基准情景下 2020 年与 2015 年长三角地区碳排放强度比较

地区	2015 年碳排放强度	优化分配后碳排放强度	相比 2015 年下降幅度	与行政分配差异
上海	1.245	1.030	17.267	−3.233
南京	1.044	0.823	21.200	0.700
无锡	0.983	0.801	18.509	−1.991
徐州	1.455	1.097	24.620	4.120
常州	1.371	1.000	27.072	6.572
苏州	1.359	0.992	27.010	6.510
南通	1.434	1.054	26.502	6.002
连云港	2.185	1.616	26.019	5.519
淮安	1.979	1.483	25.065	4.565
盐城	1.669	1.240	25.722	5.222
扬州	1.599	1.168	26.966	6.466
镇江	1.395	1.022	26.778	6.278
泰州	1.719	1.267	26.285	5.785
宿迁	2.526	1.930	23.567	3.067
杭州	0.962	0.796	17.266	−3.234
宁波	1.138	0.895	21.398	0.898
温州	1.043	0.863	17.267	−3.233
嘉兴	1.576	1.189	24.549	4.049
湖州	1.661	1.262	24.041	3.541
绍兴	1.067	0.855	19.891	−0.609

续　表

地区	2015 年 碳排放强度	优化分配后 碳排放强度	相比 2015 年 下降幅度	与行政 分配差异
金华	1.522	1.169	23.229	2.729
衢州	1.585	1.256	20.758	0.258
舟山	0.982	0.813	17.267	−3.233
台州	1.166	0.921	21.001	0.501
丽水	1.962	1.548	21.105	0.605

表 7 - 8　低碳情景下 2020 年与 2015 年长三角地区碳排放强度比较

地区	2015 年 碳排放强度	优化分配后 碳排放强度	相比 2015 年 下降幅度	与行政 分配差异
上海	1.230	1.030	16.232	−4.268
南京	1.031	0.823	20.215	−0.285
无锡	0.971	0.801	17.490	−3.010
徐州	1.437	1.097	23.678	3.178
常州	1.354	1.000	26.160	5.660
苏州	1.342	0.992	26.098	5.598
南通	1.417	1.054	25.583	5.083
连云港	2.158	1.616	25.094	4.594
淮安	1.955	1.483	24.128	3.628
盐城	1.649	1.240	24.794	4.294
扬州	1.580	1.168	26.053	5.553
镇江	1.378	1.022	25.863	5.363
泰州	1.697	1.267	25.364	4.864
宿迁	2.494	1.930	22.611	2.111
杭州	0.950	0.796	16.232	−4.268

续　表

地区	2015 年 碳排放强度	优化分配后 碳排放强度	相比 2015 年 下降幅度	与行政 分配差异
宁波	1.124	0.895	20.415	−0.085
温州	1.030	0.863	16.232	−4.268
嘉兴	1.556	1.189	23.606	3.106
湖州	1.641	1.262	23.092	2.592
绍兴	1.054	0.855	18.890	−1.610
金华	1.503	1.169	22.270	1.770
衢州	1.566	1.256	19.768	−0.732
舟山	0.970	0.813	16.232	−4.268
台州	1.151	0.921	20.014	−0.486
丽水	1.938	1.548	20.119	−0.381

表 7 - 9　高碳情景下 2020 年与 2015 年长三角地区碳排放强度比较

地区	2015 年 碳排放强度	优化分配后 碳排放强度	相比 2015 年 下降幅度	与行政 分配差异
上海	1.260	1.083	14.066	−6.434
南京	1.057	0.865	18.151	−2.349
无锡	0.995	0.843	15.293	−5.207
徐州	1.473	1.153	21.714	1.214
常州	1.388	1.051	24.250	3.750
苏州	1.376	1.043	24.186	3.686
南通	1.452	1.106	23.801	3.301
连云港	2.212	1.699	23.154	2.654
淮安	2.004	1.560	22.164	1.664
盐城	1.690	1.304	22.846	2.346

地区	2015 年碳排放强度	优化分配后碳排放强度	相比 2015 年下降幅度	与行政分配差异
扬州	1.619	1.228	24.140	3.640
镇江	1.412	1.074	23.945	3.445
泰州	1.740	1.323	23.985	3.485
宿迁	2.557	2.021	20.953	0.453
杭州	0.974	0.837	14.066	−6.434
宁波	1.152	0.941	18.357	−2.143
温州	1.056	0.907	14.066	−6.434
嘉兴	1.595	1.250	21.630	1.130
湖州	1.682	1.327	21.102	0.602
绍兴	1.080	0.899	16.783	−3.717
金华	1.541	1.229	20.259	−0.241
衢州	1.605	1.321	17.692	−2.808
舟山	0.994	0.854	14.066	−6.434
台州	1.180	0.968	18.000	−2.500
丽水	1.987	1.628	18.052	−2.448

对比表 7-7,表 7-8 和表 7-9 可知,与基准情景相比,在低碳情景和高碳情景下,经优化分配后碳排放强度的下降速度均低于基准情景。在低碳情景下,虽然碳排放总量有所下降,但经济发展增长速度下降更快,所以碳排放强度的下降较慢。因此,在低碳发展中一定要注重经济的平稳健康可持续发展,而不能为了完成碳减排任务,过度牺牲经济发展,应通过优化产业结构,淘汰高污染、高耗能和高排放的产业,寻求新的经济发展方式等手段,保证其既能促进经济可持续发展,又能降低碳排放,

顺利完成国家分配的碳减排任务。在高碳情景下,长三角地区获得了更多的碳排放配额,经济发展速度相比基准情景有所增加,但过高的碳排放配额,可能会形成粗放型经济增长方式,通过投入更多的人力、土地和能源等,以实现经济增长,该种经济增长方式可能导致产能过剩、资源配置不合理、经济效益相对低下等问题,难以实现经济平稳健康可持续发展。因此,在碳排放配额分配中,应分配适度配额,引导经济发展方式转变,集约高效地利用各种资源。

第五节　本章小结

将"零和收益"思想引入 DEA 模型中,构建零和收益 DEA (ZSG - DEA)模型。参照"十三五"规划目标,设置了低碳情景、基准情景和高碳情景,利用 ZSG - DEA 模型研究"十三五"时期的碳排放效率及分配问题,并比较了经碳排放优化分配后的碳排强度与行政分配的差异。经分析得出以下主要结论:

(1)由基准情景、低碳情景和高碳情景预测结果可知,上海、苏州和无锡的初始碳排放配额较高,舟山、衢州和丽水的初始碳排放配额较低。初始 DEA 效率值存在一定差异,这与王薇等[227]的研究结果一致,主要由于各市经济基础、资源禀赋和区位条件的差异。其中,常州的碳排放效率最低,为 0.881;上海、杭州、温州和舟山的碳排放效率为 1,位于数据包络前沿面上,是典型的碳排放效率高值区,其他区域可借鉴以上市低碳发展的经验,制定区域低碳发展规划,减少碳排放,降低碳排放强度。

(2)初始碳排放配额的分配是碳交易的起点,对按时完成碳减排目标具有重要的指导作用,本研究考虑了碳排放总量约束,利用 ZSG - DEA 模型计算各市碳排放效率,并对各市碳排放配额进行重新分配,经两次迭代后,长三角地区各市的碳排放效率值均接近 1。从最终碳排放配额看,经济较发达地区效率较高,碳排放配额比预测值增多,这与王文举等[228]的研究结论一致,表明考虑效率最优的原则,有利于经济发展水平较高市,可能会加剧区域发展不平衡。碳排放效率较高市的碳排放配额增加,这与李小胜等[139]的研究结论一致,使得碳排放效率较高市碳排放强度下降减少,导致不能完成行政分配的碳排放强度目标。经济相对落后地区效率较低,碳排放配额比预测值降低,这样可导致长三角地区的一些相对落后市域,碳排放配额减少,进而可能抑制当地经济发展。

(3)在低碳情景和高碳情景下,可得出与基准情景相似的结论,但仍存在一定差异,初始 DEA 效率基本一致,ZSG - DEA 效率值呈现出轻微变化。在低碳情景下,碳排放预测值有所下降,由于受碳排放总量的约束,最终碳排放配额也呈现出一定程度下降。与低碳情景相反,高碳情景下,碳排放预测值均有所升高,最终碳排放配额也呈现出一定程度升高。

(4)比较长三角地区经优化分配后碳排放强度与行政分配的碳排放强度下降目标发现,两者间存在一定差异。对比基准情景、低碳情景和高碳情景可知,基准情景下,经过碳排放配额的优化分配后,更容易完成碳排放强度的下降目标,表明"十三五"规划中的目标设置较为合理,但在长三角地区要实现效率最优,各市进行碳排放配额分配或碳排放强度目标的制定时,不能实行"一刀切",而应根据各市资源禀赋、经济发展基础和产业结构等方面特点,制定差异化的碳减排目标。

基于以上分析提出以下政策建议[229]:第一,制定科学合理的碳排放配额分配方案。在碳排放总量和强度双重约束下,公平有效的分配方案是关键,要充分考虑区域差异,制定合理的碳排放配额分配方案。第二,加强区域合作,实现优势互补。政府可通过对效率相对较低市的一些企业给予适当财政补贴,保障其稳定转型,避免一些相对落后市,落入"贫困的陷阱"。经济相对落后市应优化产业结构,转变经济增长方式,引进先进低碳技术,促进低碳发展和绿色发展。同时,经济相对发达市应给予经济相对落后市资金、技术和人力支持。第三,建立健全区域性碳交易市场,促进苏浙沪地区各市间碳交易。对于碳排放超过碳排放配额的市,可以购买碳排放配额,碳排放小于碳排放配额的市,可以出售碳排放配额,发挥各市优势,以实现碳减排成本最小化,促进经济发展与环境保护协调发展。

第八章 城镇化碳排放效应研究展望

通过分析城镇化碳排放的作用机理,构建城镇化碳排放效应模型以及城镇化与碳排放相互作用的理论框架;结合 IPCC 清单算法、国内外相关研究及长三角地区发展现状,构建了长三角地区市域层面碳排放清单及核算方法。在此基础上,开展了1995—2013 年长三角地区的碳吸收、碳排放及碳收支平衡状态的时空特征及其影响因素研究;同时,开展了城镇化与碳排放关系的研究,从国际视角,比较了中国长三角地区城镇化和碳排放与"G8+5"国家的异同。从效率的视角,研究了碳排放效率时空特征及其收敛性,并探讨了城镇化与碳排放效率的关系;从不同情景,预测碳排放峰值出现的时间和大小,并提出了适宜的碳减排控制策略;最后,在碳排放总量和强度双重目标的约束下,对"十三五"时期碳排放配额进行优化分配,并比较了优化分配与行政分配碳排放强度差异,提出了长三角地区低碳调控策略。

第一节　本研究的主要结论

通过对长三角地区各市的实证分析,主要得出以下结论:

(1)碳吸收量与碳排放量均呈增加趋势,碳排放量增加速度远大于碳吸收量;碳吸收的空间格局较为稳定,碳排放的空间格局呈轻微变动。1995—2013 年,长三角地区碳吸收总量从 2 940.966 万吨增加到 3 163.988 万吨,其中,浙江省碳吸收量最大,约占长三角地区碳吸收的 67%,这是由于浙江的林地面积占全省的 64% 以上。碳吸收的绝对差异先增大后减小,相对差异减小。2013 年,舟山的碳吸收量最小,为 19.516 万吨,丽水的最大,为 405.376 万吨。碳吸收空间格局演化是以南北向为主,整合性较弱,标准差椭圆的中心有向西北移动的趋势。在东西向上,中部地区较高,东部高于西部;在南北向上,自北向南呈增加趋势。碳排放总量由 1995 年的 44 101 万吨,增加到 2013 年的 156 409 万吨,增长了 2.55 倍,碳排放主要来源于能源消费。江苏碳排放量明显高于上海和浙江,2013 年江苏碳排放占长三角地区的 56.667%。碳排放绝对差异增大,相对差异先增大后减小。2013 年,舟山碳排放最小,为 604.594 万吨,上海的最大,为 25 240.953 万吨,碳排放低值区空间分布变化较小,高值区开始向长三角地区中部集中。碳排放空间格局演化以东西向为主,整合性较弱,2005 年之前标准差椭圆的中心有向南移动的趋势,2005 年之后中心有向西北移动的趋势。碳排放受多种因素的影响,人均 GDP、碳排放强度和第二产业比重是引起碳排放增加的主要因素。其中,人均 GDP 是导致人均碳排放增加的最重要因素。

（2）碳赤字呈增大趋势,从 1995 年的 20 102 万吨增加到 2013 年的 87 556 万吨,增加了 67 454 万吨。上海、江苏和浙江的碳赤字均呈增大趋势,江苏的碳赤字明显高于浙江和上海。碳收支的绝对差异呈增大趋势,相对差异呈先减小后增大趋势,集聚性先减小后增加。1995 年和 2000 年,仅丽水为碳盈余区,其他年份,长三角地区各市均为碳赤字区。1995 年以后,碳赤字较大区逐渐扩张,且向苏南和浙东北地区集中,以上区域经济快速发展,对能源依赖较强,导致能源消费增加,碳排放增加。1995—2013 年碳收支空间格局总体上较为稳定,在东西向上,自西向东减小,在南北向上,中部低于南部和北部,略呈 U 形。2000 年和 2005 年的空间关联类型变化相对较大,2010 年和 2013 年的空间关联类型变化不大,LL 类型由上海、苏州和南通,逐渐演变为上海、苏州、无锡和常州,说明了碳收支低值区呈向长三角地区中部集聚的特征。HH 类型仍主要分布在江苏的中北部和浙江的中南部。

（3）长三角地区城镇化与人均碳排放呈显著性的正相关,且相关性高于"G8＋5"国家,即随着城镇化水平的提高,人均碳排放增加。长三角地区人均碳排放已超过一些发展中国家,并有追赶发达国家的趋势,在以后的发展中,应适度控制人均碳排放增长速度。1995—2013 年碳排放效率呈波动变化趋势,存在随机收敛和 β 收敛,一定时期内存在 σ 收敛。可能受国内外重大事件(亚洲金融危机、"非典"、国际金融危机等)的影响,碳排放效率波动变化。2013 年,上海、苏州、无锡、镇江、绍兴和舟山的碳排放效率为 1,表明以上各市碳排放效率有效。宿迁的碳排放效率最低,为 0.719。1995—1997 年、1998—1999 年、2000—2001 年、2003—2006 年和 2010—2011 年,碳排放效率的变异系数下降,表明在以上时期碳排放效率呈 σ 收敛,相对差异呈减小趋势。其他时期,碳排放效率发散,相对差异增加。碳排放效率存在绝对 β 收敛和条件 β 收敛,表明碳排放效率较低市增加的速度高于碳排放效率较高市,最终低碳排放效率市追赶上高碳排放效率市。条件 β 收敛表明碳排放效率的变化除与本市碳排放效率有关外,还受城镇化水平、产业结构、经济水平、空间因素和人口密度等因素的影响。随着城镇化水平的提高,碳排放效率也会提高。同时,本市的碳排放效率,也受相邻市城镇化水平的影响,除 1996 年外,提高相邻市城镇化水平,可促进本市碳排放效率的提高。1995—2013 年城镇化与碳排放效率之间主要表现为同向增长趋势,伴随着强脱钩与弱脱钩的反复,主要是由于长三角地区城镇化水平呈不断上升趋势,而碳排放效率可能受到一些国内外重大事件的影响,呈下降趋势。

(4)按照现有发展规划,长三角地区各省市可在 2030 年实现碳排放峰值。但作为优化开发区,要提前实现碳排放峰值,需要实施更加严格的碳减排政策。基准情景下,上海、江苏、浙江和长三角地区的碳排放峰值均出现在 2030 年,碳排放量分别为 237.020 百万吨、978.766 百万吨、432.962 百万吨和 1 648.749 百万吨。低碳情景下长三角地区各省市均可在 2030 年前达到碳排放峰值,且碳排放峰值比基准情景低,因此,在以后的发展中,应以基准情景作为发展的下限,以低碳情景作为发展的上限,在能够确保长三角地区社会经济平稳健康可持续发展的前提下,积极发展低碳经济。为提前实现碳排放峰值,长三角地区应注重经济发展速度和质量,适当放缓经济发展速度,转变经济增长方式;优化产业结构,根据各地产业特征,制定合适的产业优化升级方案;改变能源消费结构,降低煤炭消费比重,增加新能源与清洁能源比重,充分利用临海优势,发展水能、风能、潮汐能和核能等。江苏省碳排放量占长三角地区的一半以上,第二产业比例较高,尤其是重工业比重偏高,降低碳排放的难度较大,应当将其作为长三角地区碳减排的重点调控区。上海作为长三角地区的中心,应充分整合各种资源,积极发展高附加值产业和以金融服务为中心的现代服务业,并向江苏和浙江输出先进低碳技术,以引领长三角地区的低碳发展。浙江是资源小省,能源资源匮乏,经济发展相对较快,但对能源的依赖性较强,应该注重发展新能源,充分利用其丰富的可再生能源,发展太阳能、风能和生物能,增加新能源在能源消费中比重,优化能源消费结构。

(5)基准情景下,上海、苏州和无锡的碳排放初始方案配额较高,分别为 25 533.406 万吨、14 731.912 万吨和 7 756.508 万吨,占长三角地区碳排放总量的 16.619%、9.589% 和 5.048%。舟山最低,为 746.043 万吨。低碳情景和高碳情景下,各市初始碳排放配额所占比重的排序没有变化,只是碳排放配额有所变化,低碳情景下,碳排放配额有所减少,高碳情景下,碳排放配额有所增加。长三角地区初始碳排放效率存在一定差异,总体水平较高,但尚未达到 DEA 有效边界,为了使各市均达到 DEA 有效边界,有必要将碳排放配额重新分配。利用 ZSG－DEA 模型进行碳排放配额优化分配后,各市碳排放效率均接近 1,经济较发达地区效率较高,碳排放最终配额比初始配额增多,经济相对落后地区效率较低,碳排放最终配额比初始配额降低。基准情景下,上海、苏州、无锡和杭州优化分配后的配额较高,分别为 27 253.456 万吨、13 872.387 万吨、8 162.068 万吨和 7 987.464 万吨,占长三角地区总碳排放配额的比重分别为 17.738%、9.029%、5.312% 和 5.199%。舟山的最低,为 796.300 万吨,占长三角地区总碳排放配额的 0.518%。低碳情景和高碳情景下,碳排放配额所占比重的排序与基准情景相同,碳排放配额分别呈降低和升高趋势。"十三五"期末长三角地区经优化分配后碳排放强度与行政分配的碳排放强度下降目标之间存在一定差异,为实现长三角地区碳排放效率最优,应根据各市资源禀赋、经济发展基础和产业结构等方面特点,制定差异化的碳减排目标。

第二节　创新点与研究不足

一、创新点

在综合分析现有研究的基础上,尝试从效率的视角,开展城

镇化与碳排放的研究,创新点主要表现在以下两方面:

(1)较为系统地分析了城镇化与碳排放的作用机理,从碳收支、碳效率、碳峰值、碳配额等多方面,揭示了区域城镇化对碳排放影响的时空格局及特征。

(2)基于碳排放总量和强度"双控",测度并分配了长三角地区碳排放配额,为引导低碳发展提供了决策参考。

二、研究不足

(1)由于缺乏相关数据,本研究中有些核算系数采用现有相关研究的经验数据。如草地、土壤和水域的碳汇能力系数等,测算精度可能会受到一定程度的影响,如果针对长三角地区进行测算,碳排放核算结果会更加精确。

(2)本研究对 DMSP/OLS 夜间灯光影像进行了校正,取得了较好的效果,但其饱和校正还存在一定的提升空间。同时,有些能源的消耗过程并没有产生灯光。因此,利用 DMSP/OLS 夜间灯光数据反演的碳排放量,可能会存在一定的误差。

(3)碳排放情景设置问题。情景的设置直接关系到碳排放峰值出现的时间与大小,是碳排放预测研究的前提,本研究虽然参照五年规划目标和长三角地区社会经济发展现状设置了基准情景、低碳情景和高碳情景,利用改进的 IPAT 模型预测了碳排放峰值,其出现时间基本与国家规划目标一致,但碳排放受多种因素的影响,未来对碳排放的预测,可能需要考虑更多因素,运用系统综合集成模拟碳排放。

第三节　研究展望

综合分析国内外研究趋势及本研究中的不足,以后可从以下方面开展研究:

一、建立适合长三角地区各市的碳排放因子数据库

本研究中长三角地区各市所采用的碳排放因子相同,由于各市的植被类型、土壤类型、水域类型、能源类型、生产工艺等存在一定差异,因此,碳排放因子也会存在一定差异。未来应对长三角地区各市开展详细调查,并结合现有研究成果,确定各市的碳排放因子,可在较大程度上提高碳核算精度。

二、研究城镇化与碳排放相互作用的具体路径

在碳排放不断增加和城镇化快速发展的背景下,研究城镇化对碳排放的具体作用渠道与碳排放可通过哪些途径影响城镇化,是长三角地区低碳城镇化建设亟待解决的重要问题。可利用系统动力学等方法研究城镇化与碳排放具体的作用路径及影响程度,系统深入地揭示城镇化与碳排放作用机理。

参考文献

［1］Gregg J S，Andres R J，Marland G. China：Emissions pattern of the world leader in CO_2 emissions from fossil fuel consumption and cement production［J］. Geophysical Research Letters，2008，35(8)：L08806.

［2］World Bank. Urban population(% of total population)-China［EB/OL］. ［2017 - 10 - 9］https://data.worldbank. org.cn/indicator/SP.URB.TOTL.IN.ZS? locations＝CN.

［3］Liu L，Wu G，Wang J，et al. China's carbon emissions from urban and rural households during 1992—2007［J］. Journal of Cleaner Production，2011，19(15)：1754 - 1762.

［4］揣小伟.沿海地区土地利用变化的碳效应及土地调控研究——以江苏沿海为例［D］.南京：南京大学，2013.

［5］苏永中，赵哈林.土壤有机碳储量、影响因素及其环境效应的研究进展［J］.中国沙漠，2002，22(3)：19 - 27.

［6］朴世龙，方精云.1982—1999 年青藏高原植被净第一性生产力及其时空变化［J］.自然资源学报，2002，17(3)：373 - 380.

［7］李克让,王绍强,曹明奎.中国植被和土壤碳贮量［J］.中国科学(D辑:地球科学),2003,33(1):72-80.

［8］马晓哲,王铮.中国分省区森林碳汇量的一个估计［J］.科学通报,2011,56(6):433-441.

［9］赵明伟,岳天祥,赵娜,等.基于 HASM 的中国森林植被碳储量空间分布模拟［J］.地理学报,2013,68(9):1212-1224.

［10］潘竟虎,文岩.中国西北干旱区植被碳汇估算及其时空格局［J］.生态学报,2015,35(23):7718-7728.

［11］高小叶,袁世力,吕爱敏,等.DNDC 模型评估苜蓿绿肥对水稻产量和温室气体排放的影响［J］.草业学报,2016,25(12):14-26.

［12］杜华强,孙晓艳,韩凝,等.综合面向对象与决策树的毛竹林调查因子及碳储量遥感估算［J］.应用生态学报,2017,28(10):3163-3173.

［13］Brown S, Lugo A E. Biomass of tropical forests:A new estimate based on forest volumes［J］. Science, 1984, 223(4642):1290-1293.

［14］Wofsy S, Goulden M, Munger J, et al. Net exchange of CO_2 in a mid-latitude forest［J］. Science, 1993, 260(5112):1314-1317.

［15］Hero J M, Castley J G, Butler S A, et al. Biomass estimation within an Australian eucalypt forest:Meso-scale spatial arrangement and the influence of sampling intensity［J］. Forest Ecology and Management, 2013,

310：547－554.

[16] Malhi Y，Doughty C E，Goldsmith G R，et al. The linkages between photosynthesis，productivity，growth and biomass in lowland Amazonian forests[J]. Global Change Biology，2015，21(6)：2283－2295.

[17] 方精云,郭兆迪,朴世龙,等.1981—2000 年中国陆地植被碳汇的估算[J].中国科学（D辑：地球科学），2007,37(6)：804－812.

[18] 刘双娜,周涛,舒阳,等.基于遥感降尺度估算中国森林生物量的空间分布[J].生态学报,2012,32(8)：2320－2330.

[19] 蒙诗栎,庞勇,张钟军,等.WorldView－2纹理的森林地上生物量反演[J].遥感学报,2017,21(5)：812－824.

[20] 郭纯子,吴洋洋,倪健.天童国家森林公园植被碳储量估算[J].应用生态学报,2014,25(11)：3099－3109.

[21] Wiedmann T，Lenzen M，Turner K，et al. Examining the global environmental impact of regional consumption activities—Part 2：Review of input-output models for the assessment of environmental impacts embodied in trade [J]. Ecological Economics，2007，61(1)：15－26.

[22] Liu H，Xi Y，Guo J E，et al. Energy embodied in the international trade of China：An energy input-output analysis[J]. Energy Policy，2010，38(8)：3957－3964.

[23] Parikh J，Panda M，Ganesh-Kumar A，et al. CO_2 emissions structure of Indian economy[J]. Energy，2009，

34(8):1024 - 1031.

[24] Mu T，Xia Q，Kang C. Input-output table of electricity demand and its application[J]. Energy，2010，35（1）：326 - 331.

[25] Wu C，Huang X，Yang H，et al. Embodied carbon emissions of foreign trade under the global financial crisis：A case study of Jiangsu province，China[J]. Journal of Renewable and Sustainable Energy，2015，7（4）:10288 - 10293.

[26] Li Y，Zhao R，Liu T，et al. Does urbanization lead to more direct and indirect household carbon dioxide emissions? Evidence from China during 1996—2012[J]. Journal of Cleaner Production，2015，102:103 - 114.

[27] Seriño M N V，Klasen S. Estimation and Determinants of the Philippines' Household Carbon Footprint[J]. The Developing Economies，2015，53(1):44 - 62.

[28] 陈操操,刘春兰,田刚,等.城市温室气体清单评价研究[J].环境科学,2010,31(11):2780 - 2787.

[29] 白卫国,庄贵阳,朱守先,等.中国城市温室气体清单核算研究——以广元市为例[J].城市问题,2013,(8):13 - 18.

[30] 赵荣钦,黄贤金,高珊,等.江苏省碳排放清单测算及减排潜力分析[J].地域研究与开发,2013,32(2):109 - 115.

[31] 陈莎,李燚佩,程利平,等.基于 LCA 的北京市社区碳排放研究[J].中国人口·资源与环境,2013,23(S2):5 - 9.

[32] 王晓莉,王海军,吴林海.基于 LCA 方法的工业企业低碳生产评估与推广——白酒企业的案例[J].中国人口·资源与环境,2014,24(12):74-81.

[33] 袁泽,李琦.基于 LCA 的工业过程碳排放建模和环境评价[J].测绘科学,2017,42(5):196-200.

[34] 邴雪,徐萍,陆键,等.基于 LCA 的低碳公路的实现途径[J].公路,2013(3):133-139.

[35] 吴常艳,黄贤金,揣小伟,等.基于 EIO-LCA 的江苏省产业结构调整与碳减排潜力分析[J].中国人口·资源与环境,2015,25(4):43-51.

[36] 万宇,李杨,侯晓梅.基于 EIO-LCA 方法的 2007 年与 2012 年中国碳排放结构比较研究[J].生态经济,2017,33(9):21-25.

[37] 宋佩珊,计军平,马晓明.基于经济投入产出生命周期评价模型的广东省能源消费 CO_2 排放分析[J].环境污染与防治,2012,34(1):105-110.

[38] 李小环,计军平,马晓明,等.基于 EIO-LCA 的燃料乙醇生命周期温室气体排放研究[J].北京大学学报(自然科学版),2011,47(6):1081-1088.

[39] 赵红艳,耿涌,郗凤明,等.基于生产和消费视角的辽宁省行业能源消费碳排放[J].环境科学研究,2012,25(11):1290-1296.

[40] 计军平,刘磊,马晓明.基于 EIO-LCA 模型的中国部门温室气体排放结构研究[J].北京大学学报(自然科学版),2011,47(4):741-749.

[41] Li J，Huang X，Yang H，et al. Situation and determinants of household carbon emissions in Northwest China[J]. Habitat International，2016，51：178 - 187.

[42] Xu X，Tan Y，Chen S，et al. Urban household carbon emission and contributing factors in the Yangtze River Delta，China[J]. PLoS One，2015，10(4)：e0121604.

[43] 曲建升,张志强,曾静静,等.西北地区居民生活碳排放结构及其影响因素[J].科学通报,2013,58(3):260 - 266.

[44] 李志学,赵婧宇,刘学荣,等.基于碳收支核算清单的黑龙江省碳足迹及碳排放压力分析[J].湖南师范大学自然科学学报,2017,40(6):9 - 16.

[45] 刘宇,吕郧康,周梅芳.投入产出法测算 CO_2 排放量及其影响因素分析[J].中国人口·资源与环境,2015,25(9):21 - 28.

[46] 高静,刘国光.全球贸易中隐含碳排放的测算、分解及权责分配——基于单区域和多区域投入产出法的比较[J].上海经济研究,2016,(1):34 - 43+70.

[47] 秦耀辰,荣培君,杨群涛,等.城市化对碳排放影响研究进展[J].地理科学进展,2014,33(11):1526 - 1534.

[48] 吴殿廷,吴昊,姜晔.碳排放强度及其变化——基于截面数据定量分析的初步推断[J].地理研究,2011,30(4):579 - 589.

[49] Poumanyvong P，Kaneko S. Does urbanization lead to less energy use and lower CO_2 emissions? A cross-country analysis [J]. Ecological Economics，2010，70(2)：434 - 444.

[50] Sathaye J，Meyers S. Energy use in cities of the

developing countries[J]. Annual Review of Energy, 1985, 10(1):109 - 133.

[51] Jones D W. Urbanization and energy use in economic development[J]. The Energy Journal, 1989:29 - 44.

[52] Parikh J, Shukla V. Urbanization, energy use and greenhouse effects in economic development: Results from a cross-national study of developing countries[J]. Global Environmental Change, 1995, 5(2):87 - 103.

[53] York R. Demographic trends and energy consumption in European Union Nations, 1960—2025[J]. Social Science Research, 2007, 36(3):855 - 872.

[54] 林伯强,刘希颖.中国城市化阶段的碳排放:影响因素和减排策略[J].经济研究,2010,45(8):66 - 78.

[55] 周葵,戴小文.中国城市化进程与碳排放量关系的实证研究[J].中国人口·资源与环境,2013,23(4):41 - 48.

[56] Sadorsky P. Do urbanization and industrialization affect energy intensity in developing countries? [J]. Energy Economics, 2013, 37:52 - 59.

[57] 姬世东,吴昊,王铮.贸易开放、城市化发展和二氧化碳排放——基于中国城市面板数据的边限协整检验分析[J].经济问题,2013,(12):31 - 35.

[58] 郭郡郡,刘成玉,刘玉萍.城镇化、大城市化与碳排放——基于跨国数据的实证研究[J].城市问题,2013(2):2 - 10.

[59] Madlener R, Sunak Y. Impacts of urbanization on urban

structures and energy demand：What can we learn for urban energy planning and urbanization management? [J]. Sustainable Cities and Society，2011，1(1)：45 – 53.

[60] Sharif Hossain M. Panel estimation for CO_2 emissions, energy consumption，economic growth，trade openness and urbanization of newly industrialized countries [J]. Energy Policy，2011，39(11)：6991 – 6999.

[61] Dong X，Yuan G. China's Greenhouse Gas emissions' dynamic effects in the process of its urbanization：A perspective from shocks decomposition under long-term constraints[J]. Energy Procedia，2011，5：1660 – 1665.

[62] Zhu H，You W，Zeng Z. Urbanization and CO_2 emissions：A semi-parametric panel data analysis [J]. Economics Letters，2012，117(3)：848 – 850.

[63] 王钦池.城市规模、城市化率与碳排放关系研究——基于近半世纪 161 个国家的数据[J].西北人口,2015,36(3):1 – 5.

[64] 徐丽娜,赵涛.城镇化与碳排放量的关系研究——基于省会城市和直辖市的实证分析[J].西北人口,2014,35(1):18 – 22.

[65] 张鸿武,王珂英,项本武.城市化对 CO_2 排放影响的差异研究[J].中国人口·资源与环境,2013,23(3):152 – 157.

[66] Wang Y，Zhang X，Kubota J，et al. A semi-parametric panel data analysis on the urbanization-carbon emissions nexus for OECD countries[J]. Renewable and Sustainable

Energy Reviews，2015，48：704 - 709.

[67] Xu B，Lin B. How industrialization and urbanization process impacts on CO_2 emissions in China：Evidence from nonparametric additive regression models[J]. Energy Economics，2015，48：188 - 202.

[68] Zi C，Jie W，Chen H. CO_2 emissions and urbanization correlation in China based on threshold analysis [J]. Ecological Indicators，2016，61：193 - 201.

[69] Zhang Y，Da Y. The decomposition of energy-related carbon emission and its decoupling with economic growth in China[J]. Renewable and Sustainable Energy Reviews，2015，41：1255 - 1266.

[70] Zhou Y，Liu Y. Does population have a larger impact on carbon dioxide emissions than income? Evidence from a cross-regional panel analysis in China[J]. Applied Energy，2016，180：800 - 809.

[71] 顾阿伦,何崇恺,吕志强.基于 LMDI 方法分析中国产业结构变动对碳排放的影响[J].资源科学,2016,38(10):1861 - 1870.

[72] 余建清,吕拉昌.广东省化石燃料碳排放的地域差异[J].经济地理,2012,32(7):100 - 106.

[73] Wang Y，Zhao T. Impacts of energy-related CO_2 emissions：Evidence from under developed，developing and highly developed regions in China [J]. Ecological Indicators，2015，50：186 - 195.

[74] 孙建卫,赵荣钦,黄贤金,等.1995—2005 年中国碳排放核算及其因素分解研究[J].自然资源学报,2010,25(8):1284 - 1295.

[75] 徐盈之,杨英超.环境规制对我国碳减排的作用效果和路径研究——基于脉冲响应函数的分析[J].软科学,2015,29(4):63 - 66.

[76] 胡宗义,王天琦.人口结构和经济增长对碳排放的影响分析[J].经济数学,2018,35(3):1 - 7.

[77] Grossman G M , Krueger A B . Environmental impacts of a North American free trade agreement [J]. National Bureau of Economic Research Working Paper, 1991, No. 3914(3914):1 - 57.

[78] 李国志,李宗植.人口、经济和技术对二氧化碳排放的影响分析——基于动态面板模型[J].人口研究,2010,34(3):32 - 39.

[79] 杨恺钧,杨甜甜.老龄化、产业结构与碳排放——基于独立作用与联动作用的双重视角[J].工业技术经济,2018,37(12):115 - 123.

[80] Schipper L, Murtishaw S, Khrushch M, et al. Carbon emissions from manufacturing energy use in 13 IEA countries：Long-term trends through 1995 [J]. Energy Policy, 2001, 29(9):667 - 688.

[81] 张翠菊,覃明锋.基于时间序列数据的中国碳排放强度影响因素协整分析[J].生态经济,2017,33(3):53 - 56.

[82] 查奇芬,成鑫.技术进步对中国区域碳排放的影响研究[J].

资源与产业,2017,19(6):71-77.

[83] Shao S, Yang L, Yu M, et al. Estimation, characteristics, and determinants of energy-related industrial CO_2 emissions in Shanghai (China), 1994—2009[J]. Energy Policy, 2011, 39(10):6476-6494.

[84] 邵帅,张可,豆建民.经济集聚的节能减排效应:理论与中国经验[J].管理世界,2019,35(1):36-60+226.

[85] 路正南,冯阳.环境规制对碳绩效影响的门槛效应分析[J].工业技术经济,2016,35(8):31-37.

[86] 张华,魏晓平.绿色悖论抑或倒逼减排——环境规制对碳排放影响的双重效应[J].中国人口·资源与环境,2014,24(9):21-29.

[87] 李华,马进.环境规制对碳排放影响的实证研究——基于扩展 STIRPAT 模型[J].工业技术经济,2018,37(10):143-149.

[88] 彭星,李斌,金培振.文化非正式制度有利于经济低碳转型吗?——地方政府竞争视角下的门限回归分析[J].财经研究,2013,39(7):110-121.

[89] Choi Y, Zhang N, Zhou P. Efficiency and abatement costs of energy-related CO_2 emissions in China: A slacks-based efficiency measure[J]. Applied Energy, 2012, 98:198-208.

[90] Charnes A, Cooper W W, Rhodes E. Measuring the efficiency of decision making units[J]. European Journal

of Operational Research, 1978, 2(6):429 – 444.

[91] Dyckhoff H, Allen K. Measuring ecological efficiency with data envelopment analysis (DEA)[J]. European Journal of Operational Research, 2001, 132(2):312 – 325.

[92] Qin Q, Li X, Li L, et al. Air emissions perspective on energy efficiency: An empirical analysis of China's coastal areas[J]. Applied Energy, 2017, 185:604 – 614.

[93] Zhou D Q, Meng F Y, Bai, Y, et al. Energy efficiency and congestion assessment with energy mix effect: The case of APEC countries[J]. Journal of Cleaner Production, 2017, 142:819 – 828.

[94] 袁凯华,梅昀,陈银蓉,等.中国建设用地集约利用与碳排放效率的时空演变与影响机制[J].资源科学,2017,39(10):1882 – 1895.

[95] Feng C, Zhang H, Huang J. The approach to realizing the potential of emissions reduction in China: An implication from data envelopment analysis[J]. Renewable and Sustainable Energy Reviews, 2017, 71:859 – 872.

[96] Zhang Y, Hao J, Song J. The CO_2 emission efficiency, reduction potential and spatial clustering in China's industry: Evidence from the regional level[J]. Applied Energy, 2016, 174:213 – 223.

[97] Beltrán-Esteve M, Picazo-Tadeo A J. Assessing environmental performance in the European Union: Eco-innovation versus

catching-up[J]. Energy Policy, 2017, 104:240 - 252.

[98] Girod B, Stucki T, Woerter M. How do policies for efficient energy use in the household sector induce energy-efficiency innovation? An evaluation of European countries [J]. Energy Policy, 2017, 103:223 - 237.

[99] Sakamoto T, Managi S. New evidence of environmental efficiency on the export performance[J]. Applied Energy, 2017, 185:615 - 626.

[100] Ignatius J, Ghasemi M R, Zhang F, et al. Carbon efficiency evaluation: An analytical framework using fuzzy DEA[J]. European Journal of Operational Research, 2016, 253(2): 428 - 440.

[101] 钱志权,杨来科.东亚地区的经济增长、开放与碳排放效率——来自贸易部门的面板数据研究[J].世界经济与政治论坛,2015,(3):134 - 149.

[102] Liu Y, Zhao G, Zhao Y. An analysis of Chinese provincial carbon dioxide emission efficiencies based on energy consumption structure[J]. Energy Policy, 2016, 96:524 - 533.

[103] Liu Z, Qin C X, Zhang Y J. The energy-environment efficiency of road and railway sectors in China: Evidence from the provincial level[J]. Ecological Indicators, 2016, 69:559 - 570.

[104] 袁长伟,张帅,焦萍,等.中国省域交通运输全要素碳排放效

率时空变化及影响因素研究[J].资源科学,2017,39(4):
687-697.

[105] 郭炳南,林基.基于非期望产出 SBM 模型的长三角地区
碳排放效率评价研究[J].工业技术经济,2017,36(1):
108-115.

[106] Cui Q, Li Y. An empirical study on the influencing
factors of transportation carbon efficiency: Evidences
from fifteen countries[J]. Applied Energy, 2015, 141:
209-217.

[107] Lin B, Du K. Energy and CO_2 emissions performance in
China's regional economies: Do market-oriented reforms
matter? [J]. Energy Policy, 2015, 78:113-124.

[108] 曲晨瑶,李廉水,程中华.产业聚集对中国制造业碳排放效
率的影响及其区域差异[J].软科学,2017,31(1):34-38.

[109] 孙秀梅,王格,董会忠,等.基于 DEA 与 SE-SBM 模型的
资源型城市碳排放效率及影响因素研究——以全国 106
个资源型地级市为例[J].科技管理研究,2016,36(23):
78-84.

[110] 许士春,龙如银.中国能源和碳排放的效率测度与影响因
素研究[J].软科学,2015,29(3):74-78.

[111] 张腾飞.城镇化对中国碳排放效率的影响[D].重庆:重庆
大学,2016.

[112] Zhao X, Yin H, Zhao Y. Impact of environmental
regulations on the efficiency and CO_2 emissions of power

plants in China[J]. Applied Energy, 2015, 149:238 – 247.

[113] Solow R M. A contribution to the theory of economic growth[J]. The Quarterly Journal of Economics, 1956, 70(1):65 – 94.

[114] Strazicich M C, List J A. Are CO_2 emission levels converging among industrial countries? [J]. Environmental and Resource Economics, 2003, 24(3):263 – 271.

[115] Aldy J E. Divergence in state-level per capita carbon dioxide emissions[J]. Land Economics, 2007, 83(3): 353 – 369.

[116] Yavuz N C, Yilanci V. Convergence in per capita carbon dioxide emissions among G7 countries: A TAR panel unit root approach [J]. Environmental and Resource Economics, 2012, 54(2):283 – 291.

[117] Nourry M. Re-examining the empirical evidence for stochastic convergence of two air pollutants with a pair-wise approach[J]. Environmental and Resource Economics, 2009, 44(4):555 – 570.

[118] 王娟,张克中.中国省域碳排放趋同与经济增长[J].经济管理,2014,36(6):34 – 43.

[119] Huang B, Meng L. Convergence of per capita carbon dioxide emissions in urban China: A spatio-temporal perspective[J]. Applied Geography, 2013, 40:21 – 29.

[120] Tobler W. Computer movie simulating urban growth in detroit region [J]. Economic Geography, 1970, 46:134 – 240.

[121] Li J, Huang X, Yang H, et al. Convergence of carbon intensity in the Yangtze River Delta, China[J]. Habitat International, 2017, 60:58 – 68.

[122] 黄蕊,王铮,丁冠群,等.基于 STIRPAT 模型的江苏省能源消费碳排放影响因素分析及趋势预测[J].地理研究, 2016,35(4):781 – 789.

[123] 毕莹,杨方白.辽宁省碳排放影响因素分析及达峰情景预测[J].东北财经大学学报,2017(4):91 – 97.

[124] 林伯强,蒋竺均.中国二氧化碳的环境库兹涅茨曲线预测及影响因素分析[J].管理世界,2009(4):27 – 36.

[125] Wen Z, Zhang X, Chen J, et al. Forecasting CO_2 Mitigation and Policy Options for China's Key Sectors in 2010—2030[J]. Energy & Environment, 2014, 25(3 – 4): 635 – 659.

[126] 朱宇恩,李丽芬,贺思思,等.基于 IPAT 模型和情景分析法的山西省碳排放峰值年预测[J].资源科学,2016,38(12): 2316 – 2325.

[127] 杜强,陈乔,陆宁.基于改进 IPAT 模型的中国未来碳排放预测[J].环境科学学报,2012,32(9):2294 – 2302.

[128] 马海涛,康雷.京津冀区域公路客运交通碳排放时空特征与调控预测[J].资源科学,2017,39(7):1361 – 1370.

[129] Shan B，Xu M，Zhu F，et al. China's Energy Demand Scenario Analysis in 2030[J]. Energy Procedia，2012，14:1292 - 1298.

[130] 刘云鹏,王泳璇,王帆,等.居民生活消费碳排放影响分析与动态模拟预测[J].生态经济,2017,33(6):19 - 22.

[131] 姜克隽,胡秀莲,庄幸,等.中国 2050 年低碳情景和低碳发展之路[J].中外能源,2009,14(6):1 - 7.

[132] 赵成柏,毛春梅.基于 ARIMA 和 BP 神经网络组合模型的我国碳排放强度预测[J].长江流域资源与环境,2012,21(6):665 - 671.

[133] 杜强,陈乔,杨锐.基于 Logistic 模型的中国各省碳排放预测[J].长江流域资源与环境,2013,22(2):143 - 151.

[134] 韩楠.基于供给侧结构性改革的碳排放减排路径及模拟调控[J].中国人口·资源与环境,2018,28(8):47 - 55.

[135] Rose A，Stevens B，Edmonds J，et al. International equity and differentiation in global warming policy[J]. Environmental and Resource Economics，1998，12(1)：25 -51.

[136] Gomes E G，Lins M P E. Modelling undesirable outputs with zero sum gains data envelopment analysis models [J]. Journal of the Operational Research Society，2008，59(5):616 - 623.

[137] 王科,李默洁.碳排放配额分配的 DEA 建模与应用[J].北京理工大学学报(社会科学版),2013,15(4):7 - 13.

[138] 宋德勇,刘习平.中国省际碳排放空间分配研究[J].中国人口•资源与环境,2013,23(5):7-13.

[139] 李小胜,宋马林."十二五"时期中国碳排放额度分配评估——基于效率视角的比较分析[J].中国工业经济,2015(9):99-113.

[140] 宋杰鲲,牛丹平,曹子建,等.中国省域碳排放测算及配额分配[J].技术经济,2016,35(11):79-87.

[141] Guo W,Sun T,Dai H. Efficiency allocation of provincial carbon reduction target in China's "13•5" period:Based on Zero-Sum-Gains SBM model [J]. Sustainability, 2017,9(2):167.

[142] 李陶,陈林菊,范英.基于非线性规划的我国省区碳强度减排配额研究[J].管理评论,2010,22(6):54-60.

[143] Zeng S,Xu Y,Wang L,et al. Forecasting the allocative efficiency of carbon emission allowance financial assets in China at the provincial level in 2020[J]. Energies, 2016, 9(5):329.

[144] 吴传钧.人地关系地域系统的理论研究及调控[J].云南师范大学学报(哲学社会科学版),2008,40(2):1-3.

[145] 吴传钧.论地理学的研究核心——人地关系地域系统[J].经济地理,1991,11(3):1-6.

[146] 龚胜生.论中国可持续发展的人地关系协调[J].地理学与国土研究,2000,16(1):9-15.

[147] 赵荣钦.城市生态经济系统碳循环及其土地调控机制研究

[D].南京:南京大学,2011.

[148] Zhou Y, Liu Y, Wu W, et al. Effects of rural-urban development transformation on energy consumption and CO_2 emissions: A regional analysis in China[J]. Renewable and Sustainable Energy Reviews, 2015, 52:863 - 875.

[149] 曾德珩,罗丽姿.城市扩张与转型对碳排放影响研究[J].统计与决策,2014,(17):115 - 119.

[150] 王竹,项越,吴盈颖.共识、困境与策略——长三角地区低碳乡村营建探索[J].新建筑,2016(4):33 - 39.

[151] 王世进.新型城镇化对我国碳排放的影响机理与区域差异研究[J].现代经济探讨,2017,(7):103 - 109.

[152] Yang Y, Liu Y, Li Y, et al. Measure of urban-rural transformation in Beijing-Tianjin-Hebei region in the new millennium: Population-land-industry perspective[J]. Land Use Policy, 2018, 79:595 - 608.

[153] Seto K C, Fragkias M. Quantifying spatiotemporal patterns of urban land-use change in four cities of China with time series landscape metrics[J]. Landscape Ecology, 2005, 20(7):871 - 888.

[154] 李效顺,曲福田,郭忠兴,等.城乡建设用地变化的脱钩研究[J].中国人口·资源与环境,2008,18(5):179 - 184.

[155] OECD. Indicators to measure decoupling of environmental pressure from economic growth[EB/OL]. http://www.olis.oecd.org/olis/2002doc.nsf/LinkTo/sg-sd.

[156] Zhang M，Song Y，Su B，et al. Decomposing the decoupling indicator between the economic growth and energy consumption in China [J]. Energy Efficiency，2015，8(6):1231-1239.

[157] Lu I，Lin S，Lewis C. Decomposition and decoupling effects of carbon dioxide emission from highway transportation in Taiwan，Germany，Japan and South Korea[J]. Energy Policy，2007，35(6):3226-3235.

[158] 宋伟,陈百明,陈曦炜.常熟市耕地占用与经济增长的脱钩(decoupling)评价[J].自然资源学报,2009,24(9):1532-1540.

[159] 王仲瑀.京津冀地区能源消费、碳排放与经济增长关系实证研究[J].工业技术经济,2017,36(1):82-92.

[160] 孙耀华,李忠民.中国各省区经济发展与碳排放脱钩关系研究[J].中国人口·资源与环境,2011,21(5):87-92.

[161] 方精云,朱江玲,王少鹏,等.全球变暖、碳排放及不确定性[J].中国科学:地球科学,2011,41(10):1385-1395.

[162] 刘燕华,葛全胜,何凡能,等.应对国际 CO_2 减排压力的途径及我国减排潜力分析[J].地理学报,2008,63(7):675-682.

[163] 赖力.中国土地利用的碳排放效应研究[D].南京:南京大学,2010.

[164] Shi K，Yu B，Zhou Y，et al. Spatiotemporal variations of CO_2 emissions and their impact factors in China：A

comparative analysis between the provincial and prefectural levels[J]. Applied Energy, 2019, 233-234: 170-181.

[165] Anselin L. Local Indicators of spatial association—LISA [J]. Geographical Analysis, 1995, 27(2):93-115.

[166] Ye X, Rey S. A framework for exploratory space-time analysis of economic data[J]. The Annals of Regional Science, 2011, 50(1):315-339.

[167] Rey S J, Murray A T, Anselin L. Visualizing regional income distribution dynamics [J]. Letters in Spatial and Resource Sciences, 2011, 4(1):81-90.

[168] 魏传华,胡晶,吴喜之.空间自相关地理加权回归模型的估计[J].数学的实践与认识,2010,40(22):126-134.

[169] 段晓男,王效科,逯非,等.中国湿地生态系统固碳现状和潜力[J].生态学报,2008,28(2):463-469.

[170] 苏泳娴.基于 DMSP/OLS 夜间灯光数据的中国能源消费碳排放研究[D].广州:中国科学院研究生院（广州地球化学研究所）,2015.

[171] 吴健生,牛妍,彭建,等.基于 DMSP/OLS 夜间灯光数据的 1995—2009 年中国地级市能源消费动态[J].地理研究,2014,33(4):625-634.

[172] Amaral S, Câmara G, Monteiro A M V, et al. Estimating population and energy consumption in Brazilian Amazonia using DMSP night-time satellite data [J]. Computers,

Environment and Urban Systems，2005，29(2)：179－195.

[173] 李通,何春阳,杨洋,等.1995—2008 年中国大陆电力消费量时空动态[J].地理学报,2011,66(10):1403－1412.

[174] 潘竟虎,李俊峰.基于夜间灯光影像的中国电力消耗量估算及时空动态[J].地理研究,2016,35(4):627－638.

[175] Cao X，Wang J，Chen J，et al. Spatialization of electricity consumption of China using saturation-corrected DMSP－OLS data[J]. International Journal of Applied Earth Observation and Geoinformation，2014，28:193－200.

[176] Zhao N，Ghosh T，Samson E L. Mapping spatio-temporal changes of Chinese electric power consumption using night-time imagery[J]. International Journal of Remote Sensing，2012，33(20):6304－6320.

[177] 何春阳,史培军,李景刚,等.基于DMSP/OLS夜间灯光数据和统计数据的中国大陆20世纪90年代城市化空间过程重建研究[J].科学通报,2006,51(7):856－861.

[178] Liu Z，He C，Zhang Q，et al. Extracting the dynamics of urban expansion in China using DMSP－OLS nighttime light data from 1992 to 2008[J]. Landscape and Urban Planning，2012，106(1):62－72.

[179] Woo C，Chung Y，Chun D，et al. The static and dynamic environmental efficiency of renewable energy: A Malmquist index analysis of OECD countries[J]. Renewable and

Sustainable Energy Reviews，2015，47:367 - 376.

[180] 柴宝惠,李培军,张瑞洁,等.基于 Landsat 数据和 DMSP/OLS 夜间灯光数据的城市扩展提取:以天津市为例[J].北京大学学报(自然科学版),2016,52(3):475 - 485.

[181] Sutton P. Modeling population density with night-time satellite imagery and GIS[J]. Computers, Environment and Urban Systems, 1997, 21(3):227 - 244.

[182] 陈晴,侯西勇,吴莉.基于土地利用数据和夜间灯光数据的人口空间化模型对比分析——以黄河三角洲高效生态经济区为例[J].人文地理,2014,29(5):94 - 100.

[183] 徐康宁,陈丰龙,刘修岩.中国经济增长的真实性:基于全球夜间灯光数据的检验[J].经济研究,2015,50(9):17 - 29.

[184] Shi K, Chen Y, Yu B, et al. Modeling spatiotemporal CO_2 (carbon dioxide) emission dynamics in China from DMSP - OLS nighttime stable light data using panel data analysis[J]. Applied Energy, 2016, 168:523 - 533.

[185] 苏泳娴,陈修治,叶玉瑶,等.基于夜间灯光数据的中国能源消费碳排放特征及机理[J].地理学报,2013,68(11):1513 - 1526.

[186] 顾羊羊,乔旭宁,樊良新,等.夜间灯光数据的区域能源消费碳排放空间化[J].测绘科学,2017,42(2):140 - 146.

[187] Meng L, Graus W, Worrell E, et al. Estimating CO_2 (carbon dioxide) emissions at urban scales by DMSP/OLS （ Defense Meteorological Satellite Program's

Operational Linescan System) nighttime light imagery: Methodological challenges and a case study for China[J]. Energy, 2014, 71:468 – 478.

[188] Wang S, Liu X. China's city-level energy-related CO_2 emissions: Spatiotemporal patterns and driving forces [J]. Applied Energy, 2017, 200:204 – 214.

[189] Elvidge C D, Imhoff M L, Baugh K E, et al. Night-time lights of the world: 1994—1995 [J]. ISPRS Journal of Photogrammetry and Remote Sensing, 2001, 56(2): 81 – 99.

[190] Raupach M R, Rayner P J, Paget M. Regional variations in spatial structure of nightlights, population density and fossil-fuel CO_2 emissions[J]. Energy Policy, 2010, 38(9):4756 – 4764.

[191] Su Y, Chen X, Wang C, et al. A new method for extracting built-up urban areas using DMSP – OLS nighttime stable lights: A case study in the Pearl River Delta, southern China[J]. GIScience & Remote Sensing, 2015, 52(2):218 – 238.

[192] Lu H, Liu G. Spatial effects of carbon dioxide emissions from residential energy consumption: A county-level study using enhanced nocturnal lighting [J]. Applied Energy, 2014, 131:297 – 306.

[193] Elvidge C D, Ziskin D, Baugh K E, et al. A fifteen year

record of global natural gas flaring derived from satellite data[J]. Energies，2009，2(3):595 - 622.

[194] 李建豹,张志强,曲建升,等.中国省域 CO_2 排放时空格局分析[J].经济地理,2014,34(9):158 - 165.

[195] 赵荣钦,黄贤金,彭补拙.南京城市系统碳循环与碳平衡分析[J].地理学报,2012,67(6):758 - 770.

[196] 郭永锐,张捷,卢韶婧,等.中国入境旅游经济空间格局的时空动态性[J].地理科学,2014,34(11):1299 - 1304.

[197] Rey S J. Spatial empirics for economic growth and convergence[J]. Geographical Analysis，2001，33(3): 195 -214.

[198] 李建豹,黄贤金,孙树臣,等.长三角地区城市土地与能源消费 CO_2 排放的时空耦合分析[J].地理研究,2019,38(9): 2188 - 2201.

[199] World Bank. 2017. http://data. worldbank. org. cn/ indicator/SP.URB.TOTL.IN.ZS? view＝chart.

[200] Yang H, Huang X, Thompson J R，et al. Soil pollution: Urban brownfields [J]. Science，2014，344 (6185): 691 - 692.

[201] Temizel A，Halici T，Logoglu B，et al. Chapter 34 - Experiences on Image and Video Processing with CUDA and OpenCL[M]//HWU W-M W. GPU Computing Gems Emerald Edition. Boston；Morgan Kaufmann. 2011: 547 - 567.

[202] Li Y，Li Y，Zhou Y，et al. Investigation of a coupling model of coordination between urbanization and the environment[J]. Journal of Environmental Management，2012，98:127 - 133.

[203] 李琼,赵阳,李松林,等.中国社会保障与经济发展耦合的时空特征及驱动力分析[J].地理研究,2020,39(6):1401 - 1417.

[204] Seiford L M，Zhu J. Modeling undesirable factors in efficiency evaluation[J]. European Journal of Operational Research，2002，142(1):16 - 20.

[205] Song M，An Q，Zhang W，et al. Environmental efficiency evaluation based on data envelopment analysis：A review [J]. Renewable and Sustainable Energy Reviews，2012，16(7):4465 - 4469.

[206] Zhou P，Ang B W，Poh K L. Measuring environmental performance under different environmental DEA technologies [J]. Energy Economics，2008，30(1):1 - 14.

[207] Charnes A，Cooper W W. Preface to topics in data envelopment analysis[J]. Annals of Operations Research，1985，2(1):59 - 94.

[208] Charnes A，Cooper W W，Lewin A Y，et al. Data Envelopment Analysis：Theory，Methodology，and Applications[M]. New York：Springer Science & Business Media，2013:57 - 60.

[209] 周艳,黄贤金,徐国良,等.长三角城市土地扩张与人口增长耦合态势及其驱动机制[J].地理研究,2016,35(2)：313-324.

[210] Chen Z, Pan J, Wang L, et al. Disclosure of government financial information and the cost of local government's debt financing-Empirical evidence from provincial investment bonds for urban construction [J]. China Journal of Accounting Research, 2016, 9(3):191-206.

[211] 王兆峰,杜瑶瑶.基于 SBM-DEA 模型湖南省碳排放效率时空差异及影响因素分析[J].地理科学,2019,39(5)：797-806.

[212] 孙焱林,何莲,温湖炜.异质性视角下中国省域碳排放效率及其影响因素研究[J].工业技术经济,2016,35(4)：117-123.

[213] Mcdonald J F, Moffitt R A. The Uses of Tobit Analysis [J]. The Review of Economics and Statistics, 1980, 62(2):318-321.

[214] Soderholm P, Acar S, Maddison D, et al. Convergence of carbon dioxide emissions：A review of the literature [J]. International Review of Environmental and Resource Economics, 2014, 7(2):141-178.

[215] Jobert T, Karanfil F, Tykhonenko A. Convergence of per capita carbon dioxide emissions in the EU：Legend or reality? [J]. Energy Economics, 2010, 32(6):1364-

1373.

[216] Elhorst J P. Spatial Econometrics: From Cross-sectional Data to Spatial Panels[M]. Heidelberg: Springer, 2014: 68 - 72.

[217] Anselin L. Spatial Econometrics: Methods and Models [M]. Dordrecht: Springer Science & Business Media, 1988:17 - 19.

[218] LeSage J P, Pace R K. Introduction Spatial Econometrics [M]. Boca Raton: CRC Press Taylor & Francis Group, 2009:155 - 159.

[219] Burridge P. Testing for a common factor in a spatial autoregression model[J]. Environment and Planning A, 1981, 13(7):795 - 800.

[220] 李建豹,黄贤金,揣小伟,等.长三角地区碳排放效率时空特征及影响因素分析[J].长江流域资源与环境,2020,29(7): 1486 - 1496.

[221] 高振宇,王益.我国生产用能源消费变动的分解分析[J].统计研究,2007,24(3):52 - 57.

[222] 昌炜.美国产业结构演变的动因与机制——基于面板数据的实证分析[J].经济学动态,2010,(8):131 - 135.

[223] 杜强,陈乔,陆宁.基于改进 IPAT 模型的中国未来碳排放预测[J].环境科学学报,2012,32(9):2294 - 2302.

[224] 齐晔,张希良.中国低碳发展报告 2015—2016[R].北京:社会科学文献出版社,2016:34 - 40.

[225] Lins M P E, Gomes E G, Soares de Mello J C C B, et al. Olympic ranking based on a zero sum gains DEA model [J]. European Journal of Operational Research, 2003, 148(2):312 - 322.

[226] 林坦,宁俊飞.基于零和 DEA 模型的欧盟国家碳排放权分配效率研究[J].数量经济技术经济研究,2011,28(3):36 - 50.

[227] 王薇,王韫,糜家辉.长三角地区的经济发展与低碳实现双赢了吗——基于 DEA 的实证探究[J].经济研究导刊,2019(27):57 - 58+66.

[228] 王文举,陈真玲.中国省级区域初始碳配额分配方案研究——基于责任与目标、公平与效率的视角[J].管理世界,2019,35(3):81 - 98.

[229] 李建豹,黄贤金,揣小伟,等.基于碳排放总量和强度约束的碳排放配额分配研究[J].干旱区资源与环境,2020,34(12):72 - 77.

术语索引

后　记

　　本书在我的博士论文基础上修改而成,本书顺利出版,首先感谢我的导师黄贤金教授。在黄老师精心指导下,顺利完成了论文选题、开题报告、论文撰写、修改及定稿的各环节,在完成毕业论文撰写的同时,提高了科研能力,开阔了视野,扩展了思路,改变了认识事物的深度。黄老师尊重我的思路和想法,鼓励独立思考,从学术发展的前沿,指导毕业论文。鼓励我参加各种学术交流活动,提高了学术交流能力,并能够很好地紧跟学科发展前沿。在日常生活中教给我为人处世的道理,印象最为深刻的是每年元旦时刻,黄老师总会在百忙之中,给大家写新年寄语,用友善、责任和韧性点亮希望,教我们用真诚、友善珍爱和呵护美好生活与人际关系,用责任心和韧性去完成学业与科研任务,用"跑赢人生"的态度去珍惜时光,只有奔跑才会有希望,这一态度对我在美国一年的生活起到了很大作用,指导我在"奔跑"中充实地度过了一年。

　　感谢学院各老师和同门师兄弟姐妹的帮助!感谢周寅康教授、张振克教授、章锦河教授、揣小伟副教授和何金廖研究员在毕业论文预答辩过程中提出的宝贵修改意见,使毕业论文的结构、思路设计进一步完善和提高。感谢在伊利诺伊大学香槟分校交流期间关美宝教授的指导和帮助!感谢赵小风教授的照顾及帮助,感谢湛东升副教授、曹阳博士及美国舍友李见坤博士后的陪伴及帮助,使我的美国学习生活丰富而有趣,在异国他乡不感到孤独寂寞。感谢任课老师授业解惑,让我能更快地接受各学科的前沿知识。感谢杨洪研究员在论文修改中给予的指导和帮助!感谢李焕和吴常艳在申请国家公派项目中给予的指导和帮助!感谢同门师兄弟姐妹:李丽、於冉、叶丽芳、李焕、徐国良、吴常艳、周艳、徐玉婷、孟浩、纪学朋和陈奕融等各位博士;以及李佳豪、卢芹莉、徐静、王昂扬、童岩冰、沈晓艳等诸位硕士,同时也感谢其他所有同门师兄弟姐妹的关心和帮助。

感谢论文答辩专家:中国科学院南京分院杨桂山研究员、中国科学院南京地理与湖泊研究所段学军研究员、南京大学濮励杰教授、南京大学周寅康教授和南京大学王腊春教授等,对论文提出了宝贵的修改意见,使论文得到进一步完善。

感谢我的父母和岳父母,虽已年过半百却仍支持我读博,还帮忙照顾我年幼的女儿。感谢我的妻子,除了要工作,还要照顾和教育女儿,感谢她对我学习的支持,解决了我的后顾之忧,使我能够专心学习。感谢我的女儿,她的爱点燃了我的希望。

最后,感谢其他未提及的给予过我帮助的人!本著作的出版得到国家自然科学基金项目(41901245)、江苏省高等学校自然科学研究面上项目(19KJB170014)和国家社会科学基金重大项目(17ZDA061)等项目的资助。